身边亲近的化学

空气在行动

纸上魔方/编绘

北方妇女儿童出版社
长春

版权所有　侵权必究

图书在版编目（CIP）数据

　　空气在行动/纸上魔方编绘.——长春：北方妇女儿童出版社，2016.1
　　（身边亲近的化学）
　　ISBN 978-7-5385-9635-9

　　Ⅰ.①空… Ⅱ.①纸… Ⅲ.①化学—少儿读物 Ⅳ.①O6-49

中国版本图书馆CIP数据核字（2015）第273356号

身边亲近的化学·空气在行动

SHENBIAN QINJIN DE HUAXUE　KONGQI ZAI XINGDONG

出 版 人	师晓晖
责任编辑	张　丹
开　　本	889mm×1194mm　1/16
印　　张	10
字　　数	150千字
版　　次	2016年1月第1版
印　　次	2021年7月第3次印刷
印　　刷	阳信龙跃印务有限公司
出　　版	北方妇女儿童出版社
发　　行	北方妇女儿童出版社
地　　址	龙腾国际出版大厦
电　　话	总编办：0431-81629600
	发行科：0431-81629633

定　价　22.80元

前言

提起化学，这似乎是个让很多孩子头疼、害怕的难题。化学难道真的深奥复杂、生涩难懂吗？当然不是，本系列丛书摒弃了复杂的化学方程式，通过实际生活中的小故事来讲解化学知识，让大家的化学学习过程变得轻松愉快，有滋有味。整体内容贴近生活又不落俗套，既有常规基础知识，也有新颖另类的一面。既能引起孩子的好奇心，又符合小朋友的认知。

仅仅依赖阅读文字是无法彻底吸引小朋友的眼球的，那些夸张而又搞笑的漫画才是本书的精髓！小朋友可以跟着漫画的脚步，轻松掌握化学知识。读完本书后，大家一定会惊异于自己身上发生的变化。大家对化学的畏惧感已全然消失，取而代之的是对科学问题的无限好奇。打开这本书，一起来感受化学世界的神奇吧！

目 录

第一章 无处不在的空气

地球的大气是怎么生成的 / 2

空气,露出你的真实面目吧 / 6

空气的成分是怎么被发现的呢 / 9

第二章 空气家族里的兄弟姐妹

含量最多的氮气 / 16

人类离不开的朋友——氧气 / 20

用处多的二氧化碳 / 23

惰性气体并不少 / 25

第三章 空气跟气象的关系

美丽云朵的由来 / 32

神奇的降雨和降雪 / 35

调皮的风 / 38

奇妙的极光 / 42

第四章 植物与空气

植物离不开空气 / 48

空气的净化也离不开植物 / 52

颗粒污染物会伤害植物 / 55

第五章 臭氧的功与过

什么是臭氧 / 64

不容小看的臭氧的作用 / 68

让人苦恼的臭氧 / 73

第六章 矿井空气有危险

矿井空气跟地面空气不一样 / 80

矿井空气的可怕之处 / 84

做好测量，再下矿井 / 89

第七章 空气被污染了

烟雾与光化学烟雾 / 96

臭氧层出现空洞了 / 101

第八章 地球越来越暖了

温室效应越来越厉害 / 108

全球变暖危害大 / 113

行动起来,防止全球变暖 / 116

第九章 空气污染与人类健康

一氧化碳过多会怎样 / 122

不好,患上肺部疾病了 / 127

化学武器——毒气 / 130

第十章 保护空气总动员

少释放二氧化硫 / 140

消灭汽车尾气 / 143

开发清洁能源 / 147

第一章

无处不在的空气

跑步、上楼或登山，我们都会气喘吁吁，有时甚至连心脏也会剧烈地跳动。

不过，当我们停止运动，呼吸呼吸新鲜空气，就又会恢复正常的状态。

空气看不见、摸不着，却充斥在地球的每个角落，我们人类根本离不开它。那空气到底是什么样的呢，它又是怎么来的呢？

地球的大气是怎么生成的

除了地球外，太阳系的其他行星也拥有围绕着星体本身的大气层，如金星、木星等。与地球不同的是，它们的大气层中氧气的含量极少，有的甚至根本没有氧气，而我们生存的地球上的大气层里却含有21%的氧气。正因如此，地球变得与众不同。然而，地球是怎么拥有这种氧气含量极高的大气层的呢？

说到地球大气层的产生，就得追溯至地球刚出现的时候。约46亿年前，地球诞生了，不过，刚出现的地球与其他行星没什么

两样，均被氢气和氦气所包围，根本无氧气，因此那时的地球荒芜一片、了无生机，没有任何植物，更谈不上有动物了。

然而，时光在飞逝，地球上的大气在太阳的能量下逐渐散开，以致地球表面火山爆发频繁，地球内部的各种气体也随着溢出到了地球表面，地球表面的温度慢慢上升。这时，火山喷发的气体中主要为水蒸气、二氧化碳、氮气、二氧化硫、氯化氢等。

经过这段动荡时期后，地球的温度又开始下降，空气中的水蒸气遇冷形成了雨或雪降落到地面上，这些水逐渐汇集就变成了大海。有趣的是，大海竟然孕育出了一些微生物——蓝藻细菌，这正是地球上最早期的生物，地球上逐渐出现了生机。

不过，降雨和降雪并不仅仅形成了大海，也使得空气中的二氧化碳溶入了大海里，所以空气中的二氧化碳在逐渐减少。与此同时，大气中的水蒸气在太阳光的作用下被分解，释放出了氧气。这也是氧气的最初亮相，而且含量极少。多亏了大海中的微生物蓝藻细菌能够像植物那样进行光合作用，源源不断地释放出氧气，以致氧气变得越来越多。可以说，微生物蓝藻细菌是地球形成含氧量高的大气层的大功臣呢。

地球上的第一个生物体为什么出现在海洋中而不是陆地上呢？

这是因为地球刚诞生时期，臭氧层还未生成，太阳的紫外线可以直接照射到地球表面。紫外线的能量很强，极易破坏生物的细胞，以致生物根本无法生存，而海洋中有水、礁石的阻拦，能在一定程度上避开紫外线，从而在海洋中孕育出了第一个生物体。

随着蓝藻细菌在地球上的大量繁殖，大气中的氧气浓度也慢慢上升，然后这些氧气又转化成能抵御紫外线的臭氧层。臭氧层阻挡了大量紫外线照射在地面上，为其他生物的孕育提供了条件，因此，地球上的生物种类开始变多，不仅出现了适合在海洋中生活的生物，连适合在陆地上生长的生物也纷纷涌现。海洋与陆地上的植物慢慢增多，大气中的含氧量自然越来越高。

如此一来，就形成了现在覆盖在地球上的氧气含量极高的大气层，因此充斥在我们周边的空气中氧气的含量也不低。

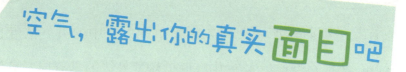

空气，露出你的真实面目吧

谈到空气，我们似乎并不陌生，但是它看不见、摸不着，问及它到底是什么，估计很多人都答不上来。不过，要问空气中含有什么，那估计无数人都会毫不犹豫地想到氧气。

如果你认为空气就是氧气的话，那就大错特错了。空气并不是只有一种气体，它是多种气体混合在一起的总称，它透明且无色无味，覆盖在地球表面，充斥在地球的每个角落。除了氧气外，空气中还含有氮气、氩气、二氧化碳、水蒸气等。

干燥空气就是不含水蒸气的空气，干燥空气中各种气体所占的比例基本上是一定的，其中氮气最多，占78%，其次氧气占21%，氩气占0.94%，二氧化碳占0.03%，其他占0.03%。

看到这些数据，很多人都会惊讶不已，为什么含量最多的不是氧气呢？我们在生活中提及最多的就是氧气，氧气是我们日常呼吸所必须的，因此，大多数人都认为空气中含量最多的就是氧气。不过，这种认识是错误的。

有趣的是，空气中的各种气体虽然重量不一，但是彼此却是均匀混合在一起的。就拿空气中含量最多的氮气和氧气来说吧，虽然空气中的氧气比氮气重，但是氧气并没有下沉，氮气也并没有上升，而是两种气体很好地均匀混合在一起。这是为什么呢？

英国科学家约翰·道尔顿认为，构成气体的粒子长有"翅膀"，每种气体的粒子大小不一，它们会调皮地"飞入"彼此的空间里。

其实，气体粒子并没有"翅膀"，也不会飞，只是因为气体是流体，流体具有流动性，会自动向密度低的地方靠拢直到均匀为止，所以，氮气和氧气才得以混合得这般均匀。

在近地表面处，干燥空气中的各种气体都分布得比较均匀，但是，如果高度增高，空气的密度则会有所降低，这时，质量相对较轻的喜欢飘浮在上面的氢气和氦气，它们所占的比例会随着高度的升高而上升。

空气的成分是怎么被发现的呢

空气与我们的生命息息相关，但是，在很长一段时间里，它都被人们当作是一种单一的物质，其真面目及其组成成分的发现都较晚，当然这主要是因为它的存在形式见不到也摸不着。不过，在上一节中，我们已经知道了空气的组成成分，那么在最初人们是怎么发现它含有这些成分的呢？

首先，我们就来看看氧气这一成分吧。在空气中发现氧气，是很多科学家和化学家共同努力的结果。在此之前，即1669年，梅猷就通过蜡烛的燃烧试验，判断出空气是一种复杂的混合物。

在18世纪70年代，瑞典化学家舍勒对燃烧物质需要空气才可以燃烧的现象产生了浓厚的兴趣。到底空气中的什么物质能帮助燃烧呢？为了解决这个疑问，他做了很多实验。

一天，舍勒做了这样一个实验：他往空烧瓶中放入一块白磷，塞住瓶塞，然后从瓶外对烧瓶进行加热，很快，白磷便燃烧起来并伴随有阵阵白烟冒出。可是，过了没多久，白磷熄灭了，烟雾也跟着散了。等烧瓶凉了下来后，舍勒迅速将烧瓶倒扣到水中，紧接着拔出瓶塞，有趣的一幕出现了，水面上升至烧瓶体积的1/5后，水面就再也不上升了。

看到这样的现象，他又做了一系列的实验，将点燃的蜡烛、烧红的炭、白磷放入烧剩下的空气中，竟然发现点燃的蜡烛瞬间熄灭了，烧红的炭也很快变黑，就连极易燃烧的磷也没有着火。

而将老鼠关进这烧剩下的空气里，竟然窒息死亡了。这是为什么呢？舍勒感觉更奇怪了。

为什么那1/5的空气在时可以燃烧，而烧剩下的气体不仅不助燃，还会让动植物窒息死去？为此，舍勒推断出，这种烧剩下的空气肯定跟"烧掉"的那部分空气的性质不一样。由此，他认为空气是由两种完全不一样的成分组成，他把其中那种烧掉的、可以帮助燃烧的成分称为"火焰空气"。后来舍勒通过实验，制得了这种气体。

到了1774年，另一位叫拉瓦锡的化学家在做铅、汞等金属的燃烧实验时，发现空气在钟罩内的体积也减小了1/5，而剩余的4/5并不支持燃烧，动物放在其中也会窒息而死，为此，他把烧剩

下的4/5气体称作氮气。氮气在拉丁文中的意思为"不能维持生命",由此可以看出,这一命名很贴合实际。之后,在进一步证明出舍勒制得的"火焰空气"正是氧气后,得出了空气由氮气与氧气这两种物质组成的结论。

显然,这种认识并不全面,空气的成分并不局限于这两种。随着化学元素不断被发现,科学家们又逐渐确定了空气中还含有二氧化碳、氢、氦等物质,并通过实验测得了氮气和氧气约占空气总体积的99%,其他成分仅占1%。

空气是混合物,其成分很复杂,且不是恒定不变的。一般来说,空气包含一部分恒定成分和一部分可变成分。其中,恒定的成分为氮气、氧气及稀有气体,而可变的成分为二氧化碳和水蒸气。

什么叫作混合物?

混合物是指由两种或两种以上物质混合而成的物质。它没有一定的组成,也不能用一种化学式表示;同时,它没有固定的性质,各种物质原有的性质不会发生变化(如没有固定的熔点和沸点等)。

小测验

一、下面关于空气的成分说法正确的是（　　）

A. 氮气不可以维持生命

B. 地球诞生的时候就有氧气了

C. 空气中有氧气会让动物死亡

D. 空气是一种混合物

正确答案：AD

解析：氮气无法维持生命；地球诞生的时候，只有氢气和氦气，根本没有氧气；空气中有氧气才能维持生命，所以，空气中的氧气不会让动物死亡；空气由氮气、氧气、二氧化碳等气体组成，所以空气是混合物。

二、小明分别用点燃的木条去靠近装氧气的瓶口和装二氧化碳的瓶口，以下出现的现象正确的是（　　）

A. 靠近氧气的木条会燃烧得更旺

B. 靠近二氧化碳的木条会燃烧得更旺

C. 靠近氧气的木条会熄灭

D. 靠近二氧化碳的木条不会熄灭

正确答案：A

解析：氧气有助燃的作用，且燃烧需要氧气，所以木条靠近氧气会燃烧得更旺，但是二氧化碳没有助燃的作用，且二氧化碳的瓶口附近氧气含量极少，所以木条会熄灭。

三、关于地球的说法正确的是（　）

A. 地球上，最早出现生物的地方是在陆地上

B. 地球含氧量高多亏了微生物蓝藻细菌

C. 地球上空的臭氧层上布满了氧气

D. 地球的空气中不含有二氧化碳

正确答案：B

解析：地球上最早出现生物的地方是海水里；地球上空的臭氧层上布满了臭氧；地球上的空气中含有二氧化碳。

第二章
空气家族里的兄弟姐妹

氮气是空气家族中含量最多的一员,可以说是空气中的"大姐大"。它虽然不像氧气那样,能让人轻易地体会到它对我们的身体带来的影响,但是,它给我们的日常生活却有很大的帮助。然而,氮气究竟是什么物质呢?它到底能给我们的生活带来怎样的影响呢?

含量最多的氮气

氮气是空气家族中含量最多的一员，可以说是空气中的"大姐大"。它虽然不像氧气那样，能让人轻易地体会到它给我们的身体带来的影响，但是，它对我们的日常生活却有很大的帮助。

不过，自从拉瓦锡把它当作"不能维持生命"的气体后，很长一段时间，人们都认为氮气是毫无用处的。随着科技的发展,它的价值才被逐渐被挖掘出来。

氮元素是组成我们身体蛋白质的必要成分,不过,飘浮在空气中的氮气并不能让我们直接吸收。氮气需要经过特殊的化学处理,跟其他物质相结合,形成硝酸盐后,才可以被生物所利用。

同样的,植物也只能吸收土壤中的硝酸盐,而不能直接吸收空气中的氮气。由此可见,把氮气转化成硝酸盐

是多么的重要。我们把氮气被转化成植物生长所需的养分的过程，称作固氮。

让人苦恼的是，氮气本身不太活泼，不会轻易跟其他物质发生反应。不过，在自然界中，恐怖的雷电却有能力把空气中的氮气转化为植物可以吸收的形式。雷电具有巨大的能量，在这种能量的刺激下，空气中的氮气跟氧气发生反应，从而生成了氮氧化合物。这些氮氧化合物溶于水则变为了硝酸盐，硝酸盐渗入到土壤中就可以被植物吸收了。植物吸收了硝酸盐，在体内经过一系列的反应，最后制成了植物性蛋白质。

此外，还有一种生长在豆类或苜蓿根部的名为根瘤菌的微生物，也具有固氮的作用。它可以将空气中的氮气转化为氨，然后土壤中的细菌对这种氨进行作用，从而生成了硝酸盐。

植物有了氮元素才能正常的生长，并为人们提供可以吸收的氮元素，保证人体蛋白质的原料来源。如今，人们开始制造硝酸盐类的氮肥来提高谷物的产量，从而解决了人们的粮食问题。人类能解决温饱问题，可以说，氮气功不可没。

现在，氮气的应用范围很广，除了应用于农业外，还可以应用于灯泡、保存粮食、医学等方面。比如，电灯泡中充入氮气，可以减慢钨丝的挥发速度，提高灯泡的寿命；把珍贵的书籍或画作存在灌满氮气的圆筒里，可以防止蛀虫损坏书籍；用氮气保存食物，可以防虫、防霉、防变质；医生用液氮对手术刀进行降温，降温后的手术刀做手术，能减少病患的出血量甚至不出血，从而让病人在手术后恢复得更快……想不到氮气的用途有这么多吧，所以，不要小瞧它啊。

人类离不开的朋友——氧气

作为空气中含量第二多的氧气，它是人类离不开的朋友。如果离开了氧气，那可不是闹着玩的，没有氧，我们无法进行呼吸作用，大脑会因缺氧而导致人体供氧不足，从而造成伤亡。一般来说，缺氧2~3分钟，就有可能出现晕厥，缺氧5分钟，脑细胞便会受到不可逆性的伤害，轻者变成植物人，重者甚至死亡，想想都觉得恐怖吧。

既然如此，氧气是不是越多越好呢？答案是否定的。空气中氧气所占的比列为21%，这种氧气含量对于人类来说是最合适

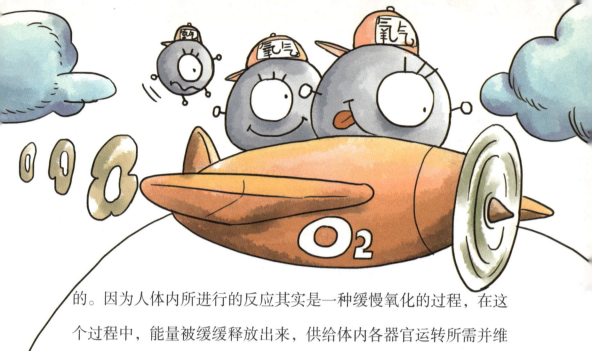

的。因为人体内所进行的反应其实是一种缓慢氧化的过程，在这个过程中，能量被缓缓释放出来，供给体内各器官运转所需并维持人的体温。长时间吸入纯氧，会加快体内的氧化反应，从而放热过多，打乱正常的生理体制，致使体温升高，引起疾病。过多的氧还会跟不饱和脂肪酸反应，并破坏贮存这些酸的磷脂，磷脂是构成细胞膜的主要成分，它一旦被破坏，会造成细胞死亡，影响整个身体机制。氧还会产生自由基，从而诱发癌症，所以，吸入纯氧时间过长反而对身体有害。更恐怖的是，长时间吸入纯氧还会引起氧中毒症。当长时间吸入纯氧，肺泡的二氧化碳分压非常低，流经肺部的动脉血液经肺部时，血液中的二氧化碳无法被

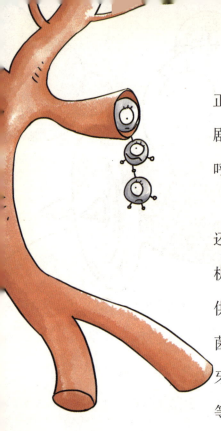

正常扩散而排除，血液中的二氧化碳分压会急剧下降，缺乏二氧化碳对呼吸的刺激，会导致呼吸暂停，显然，这也是非常危险的。

不过，氧气除了能促进人类的新陈代谢，还具有其他用途，氧气被广泛应用于医学上、机械用具、与氧有关的产品等各方面。比如，供病人手术中增加吸氧量、杀死伤口部位的细菌；增强病人的免疫力并止吐；高压氧防治牙周疾病；各种含氧水、含氧汽水、含氧胶丸等；氧气切割器可切割金属甚至钻石……

氧气切割器为什么能切割金属？

这是因为切割金属的燃料一般为乙炔气体，氧气可做助燃剂，乙炔在氧气中燃烧会产生温度非常高的火焰，这种火焰能把局部的金属熔化而割开。

用处多的二氧化碳

谈到二氧化碳，我们都不陌生，然而这种我们随口可以说出来的气体，人类在发现并认识它时却费了很大劲，无数化学家经过了很多艰难的实验才发现了它的存在和性质，总的算下来，大概花了1500年。

二氧化碳气体由碳、氧两种元素组成，碳和氧的原子数比列为1:2。很长一段时间，这种气体都被人们当作人体呼出来的废气而厌恶，但是对于植物来说，我们呼出的二氧化碳可是它们必不可少的原料。植物就是利用二氧化碳来进行光合作用，从而制造出氧气和葡萄糖的。有趣的是，氧气正是我们呼吸所需要

的气体。如此一来，刚好构成了二氧化碳的循环利用。

除此之外，二氧化碳还是一种非常重要的化工原料，可以用来制造纯碱、小苏打、尿素、碳酸饮料等。还有，我们最常见的泡沫灭火器、干粉灭火器等，也是由二氧化碳制得。而固体的二氧化碳还是一种极好的制冷剂，可用来冷藏食品并进行人工降雨。再者，二氧化碳还能当作金属切割与焊接时的保护气体，并能调节地球的气温……

为什么进一些岩洞、枯井等地方探险会有生命危险？

因为二氧化碳的密度大于空气，会沉积在岩洞、枯井等地势较低的场所中，所以这些地方的二氧化碳的含量偏高。一般来说，当空气中的二氧化碳的体积分数在3%以上，人体就会呼吸困难，当体积分数超过10%，人体甚至会丧失知觉，以致呼吸停止而死亡。所以进岩洞、枯井等地去探险时，一定要在进入之前先检验下氧气的含量，以免出现生命危险。

惰性气体并不少

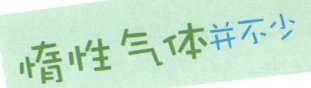

稀有气体并不是一种气体的名称，它是一类气体的统称，主要包括了氩气、氖气、氦气等。空气中稀有气体的含量并不比二氧化碳少，单是氩气的含量就有0.94%，大大超出了二氧化碳的0.03%。

稀有气体很不活泼，非常的懒惰，通常条件下不跟其他物质发生反应，十分孤僻，因此，它也获得另外一个称呼——"惰性

气体"。正因为它们的"惰性",以致于它们比空气中的其他气体发现得晚。然而,在特定的条件下,这种惰性气体也是可以和其他物质发生反应的。1962年,一位26岁的英国小伙子巴特勒合成了第一个稀有气体化合物Xe[PtF6](六氟合铂酸氙),这一化合物的诞生让整个化学界都震惊了,后来很多化学家纷纷进行相关研究,先后合成了多种"稀有气体化合物"。

不过,稀有气体之所以这么懒惰是有原因的,这跟它们的原子结构分不开。惰性气体的原子的外层电子,都达到了稳定状态,既不利于夺取电子也不容易失去电子,所以难以与其他元素发生反应。稀有气体的熔、沸点均很低,尤其是氦的沸点是堪称

单质中的最低。让人吃惊的是，氦也是最难液化的。

在我们的身边到处可以看到稀有气体的影子，它被广泛应用于各个领域，璀璨光华的霓虹灯的灯光里，装着稀薄的惰性气体，才放出了彩色的光；在生产部门中被用作保护气；电灯泡中充入氩气，可以减慢钨丝的气化，提高灯泡的寿命；运用在国防和科研上的氦氖激光器；用于电影摄影和舞台照明的高压长弧氙灯……

此外，稀有气体化合物的用途也被挖掘了出来，如稀有气体卤化物可以作为大功率激光器的工作物质，氟化氙被用作氟化

剂，对有机物和无机物进行氟化，惰性元素氧化物则拥有对振动极高的敏感性，可以产生高效爆炸，且不遗留任何固体碎片或腐蚀性气体。另外，在原子能工业和核燃料工业等也有极其重要的作用。

随着科技的发展，科学家们逐渐打破了稀有气体的"惰性"，帮它们改掉了"懒惰"习性，越来越多的稀有气体化合物开始制造出来为我们人类所用。

为什么用氦气来填充气球、飞艇？

这是因为氦气很轻，仅为相同体积的空气的1/7，化学性质不活泼，不轻易跟其他物质发生反应，且不会燃烧，充入气球、飞艇中，不仅可以让气球、飞艇飘浮在空中，而且非常安全。

小测验

一、下面关于氮气的用途，应用了氮气的不活泼性的是（　　）

A. 制硝酸　　　　B. 合成氨

C. 液氮制得冷冻剂　D. 充入灯泡，延长灯泡的寿命

正确答案：D

解析：制硝酸以及合成氨的应用，运用了氮气和其他物质可以发生反应的原理；液氮制得冷冻剂，运用的是它的沸点低的原因；充入灯泡，可以保证灯泡内外气压的平稳，而且氮气不易和其他物质发生反应的性质，即运用了氮气的不活泼性。

二、下面关于氮气的性质的说法，正确的是（　　）

A. 氮气不太活泼，所以平时很不稳定

B. 氮气的性质非常活泼，常常跟别的物质发生反应

C. 氮气可以和氢气发生反应生成氨

D. 氮气不跟任何物质发生反应

正确答案：C

解析：氮气在通常情况下，不太活泼，所以平时比较稳定；氮气在高温高压下，可以跟氢气发生反应。

三、说出下面关于氮气的应用，各是运用了氮气的什么性质？（ ）

A. 氮气用来代替稀有气体做焊接金属时的保护气

B. 医学上用液氮保护待移植的活性器官

C. 用氮气来生产各种化肥

D. 用氮气包装技术保鲜水果、食品等。

正确答案：A.运用了氮气的化学惰性，氮气稳定性好，通常情况下不参与反应。B.运用液氮沸点低。C.氮气中含N元素，可以被固定（主要是合成氨），生成被植物吸收的含N元素的化合物（硝酸铵等）。 D.运用了氮气的化学惰性，不跟食品或微生物发生反应，同时隔绝了氧气，抑制了好氧腐生菌对食物的污染。

第三章

空气跟气象的关系

我们时时刻刻都在呼吸,每时每刻都需要氧气,可以说氧气是人类离不开的朋友。一旦离开了氧气,人类将无法生存。然而氧气到底是什么?它除了供人类呼吸外,还有什么作用?它又具有怎样的性质呢?

美丽云朵的由来

当我们抬头看天空,经常能看到各种形状的云彩,它们有的为椭圆形、有的为三角形、有的像兔子、有的像马……实在好看极了。因此人们根据云的形状的不同,还给它们取了不同的名字,如积云、卷云、卷积云等。不过,这么漂亮的云彩到底是哪位"大师"制造出来的呢?

这位"大师"正是时时刻刻围绕在我们身边的空气,不可思议吧。当然,制造云彩的最大功臣要属空气中的水蒸气了。别看云彩看上去像棉花糖一样,软

绵绵的，它可是由不会产生触觉的无数的小水滴构成的呢，这些小水滴就是来源于空气中的水蒸气。那云彩到底是怎么制造出来的呢？

一般来说，空气受到地球表面的热量会变暖，于是就会跟未变暖的空气发生对流而上升至天空中。空气中的水蒸气在上升过程中发生冷却凝结，然后达到饱和状态，从而形成了小水滴，也就形成了云。我们看到的高空中的云，就是这样产生的。不过，如果温度不够低，但空气中的水蒸气量非常充足的话，也会产生云。此外，当寒冷的空气团与温暖的空气团相遇时也能产生云，而且形成的是一种较为宽广形状的云。

云和雨都由水滴组成，那为什么雨可以降落下来而云却飘浮在空中呢？

这就得从它们的水滴的大小说起了。雨滴的直径一般为1毫米，而云中的水滴的直径却仅为0.02毫米~0.08毫米，只为雨滴的2%~8%，显然可见，云中的水滴比雨滴轻很多。因此，雨滴足够重能够克服气流的阻力掉落到地面上，而云中的水滴因为太轻，会被上升的气流抬起而无法掉落，因此云彩就飘浮于空中了。

自己动手造云

（1）准备好玻璃瓶、瓶盖、热水和冰块。

（2）把玻璃瓶擦干净，然后往瓶内倒进1/4的热水，紧接着用瓶盖盖住玻璃瓶。

（3）当玻璃瓶里的水蒸气达到一定程度后，把瓶盖拿掉，然后迅速将冰块放至瓶口处。

（4）你会发现，冰块周围的小水珠聚在一起产生了雾气，这就是云。

神奇的降雨和降雪

从上一节中，我们得知雨和云最大的区别就是所含水滴的直径的大小，那么是否意味着当云中的水滴变大，就会变成雨滴呢？

的确如此，云朵中的水滴还会跟周围的云朵中的水滴融合到一起，导致水滴变大，除此之外，云朵中的水滴还会和周围的水蒸气彼此凝结成更大的水滴，等到水滴大到雨滴般大小，就可以在重力的作用下掉落至地面上，这样就形成了降雨。

不过，你们知道吗，云可不是都由雨滴组成，还有一类云是由冰粒构成。这种冰粒也会跟其他云的冰粒融合在一起，或跟周边的冰粒凝结成更大的冰粒，由此不断增大，直到变成雪中冰粒的大小，就可以像雨一样降落至地面了，这就是降雪。

所以，无论是雨还是雪，最终的来源依旧是空气中的水蒸气。也就是说，没有空气中的水蒸气就不会有雨和雪的产生。

然而，雨滴的生成过程却因所处地区的不同分成了两种情况。第一种，在气温偏低的温带地区及寒带地区，由于在这些地

区的上空本来形成的云中都是冰粒,增重到足够大的冰粒可以变成雪掉落到地面的时候,地面的温度比上空的温度高,雪在下降的过程中会融化变成水,就出现了这种"寒雨"。

第二种,在一年四季处于炎热的热带地区,这里的云彩温度普遍超过0℃,因此云里根本不会有冰粒,只是大小不一的水珠,这些水珠彼此结合成大的水珠,最后形成雨滴掉落到地面,这就是"暖雨"。

干冰的人工降雨作用

干冰其实是固态的二氧化碳。人类可以运用它进行人工降雨。当云层的温度小于0℃,用飞机或高射炮将干冰小粒射至云层中,致使云层降水,这就是干冰的人工降雨。其原理为:干冰在云层中变成二氧化碳气体时要吸收大量的热量,从而导致云层温度急剧下降。这样一来,原本饱和的水蒸气变得严重过饱和,致使小冰晶增多、增大至可以克服空气的阻力而往下降落,当云底到地面的温度大于0℃则为下雨,当温度小于0℃,则为下雪。

调皮的风

炎热的夏天，一阵风吹来，顿觉凉爽了许多；寒冷的冬天，北风呼呼，调皮地灌进我们的脖子、衣袖，冷得我们直打哆嗦。在日常生活中，风总是时不时地就刮起一阵，像是告诉我们它们的存在。

那么，风是怎么产生的呢？为什么有时候有，有时候没有呢？

风其实就是流动的空气。当空气进行水平运动时就会产生风,而当空气停止进行水平运动时,则没有风。

虽然风行走自如,我们根本捕捉不到它,但是,风拥有一定的风向,并不是一顿乱吹,只是风向会发生变化而已。即使在同一天里,也可能遇上多种风向的风。比如,夏季的白天,我们去海边散步,吹着从大海吹向陆地的海风会让人倍感凉爽,而到了晚上,因为风是从陆地吹向大海的,以致于凉爽感没有白天明显。一天之内发现这样的风向变化,到底是什么原因造成的呢?

首先，我们得从陆地和海水的性质说起。在吸收同样的热量时，陆地的空气温度上升的速度比海洋快。白天，炎热下的沙滩会烫脚，而海水却依旧很凉爽。这时，陆地上的热空气就会上升。海面上的冷空气就会去填补热空气上升所造成的空缺，所以空气会从海面做水平运动而移动至陆地，这样就形成了海风。

到了晚上，陆地的空气温度下降的速度也比海洋的空气快，使得海面的空气的温度高于陆地的空气的温度。这时候，海面的热空气也

会上升,陆地的冷空气为了填补它们上升造成的空缺,而往海洋处做水平运动,这样就形成了陆风。

当然,除了陆风和海风外,还有西风、极地西风、信风等。它们都是由于地球的自转产生的,那么,西风、极地西风带、信风各有什么特点呢?

我们先来看看西风,西风是主要出现在中纬度地区的一种风,它全年均吹向西方,所以被称为西风。而极地东风带,则是主要出现在纬度60°以上的极地地区。信风指的是全年自中纬度吹向赤道地区的风,在北半球刮的是东北风,而在南半球风刮的是东南风。

什么叫海风?什么叫陆风?

海风指的是从海面吹向陆地的风。陆风指的是从陆地吹向海面的风。

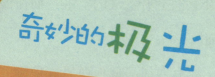

奇妙的极光

如果你去极地地区旅游，你会看到天空中美得无与伦比、绚丽多彩的极光现象。它如远处着火一样，发出耀眼的光芒，曾被东方称为"红色的空气"，也就是"赤气"。现在很多旅游爱好者都想去极地地区亲眼看看它的真容，不过没机会前去的人，也可以通过网络上的照片看到极光的样子。然而，极光只在极地出现，这是为什么呢？它又是怎么产生的呢？

这种极光的出现跟大气有着密不可分的关系，曾经就有人把极光的现象看成是空气和太阳风一同演绎的一场魔术。那么什么是太阳风呢？太阳风不是一种真的风，它是自太阳上层大气射出的带电粒子流，它产生的能量极其巨大，相当于几十亿个原子弹爆炸的威力。不过从太阳出发的带电粒子到达地球需要2~3日，它们进入地球后，会跟地球大气中的氧气或氮气原子彼此摩擦，进而发出耀眼的光芒，从而出现了极光现象。

　　不过，我们的地球本身就是个巨大的磁铁，尤其南北极地区具有的磁性最强，所以，太阳发出的带电粒子便会沿着磁场

聚集至极地，这正是极光只在出现于南北两极的原因。

极光非常美丽，能将夜晚装饰得分外华丽，被誉为自然界中最漂亮的奇观之一，亲眼见过的人都会为之震撼，不过，它也存在很大的负面影响。这是因为极光出现的时候，太阳风带来的巨大能量对地球的电磁场系统会有巨大的麻痹作用，引起电子产品和无线通讯出现故障。在1989年，加拿大的所有地区出现的9个小时的停电现象，就是被其所影响造成的。

极光只出现在地球吗？

极光并不仅仅在地球出现，太阳系里的其他行星上也有极光现象，因为太阳往地球发射的带电粒子流的同时也会往其他行星发射，再加上其他行星也有磁场和大气，所以，这种行星上也会出现极光现象。

小测验

一、下面关于氧气的说法正确的是（ ）

A. 氧气是一种可以燃烧的气体

B. 人类可以离开氧气

C. 空气中氧气的含量越多越好

D. 氧气可以用来切割金属

正确答案：D

解析：氧气本身不可以燃烧，但是它可以助燃，被称为助燃剂；人类离开了氧气就无法进行呼吸，所以人类不能离开氧气；空气中氧气的含量过多的话，会对人造成损害。

二、下面关于氧气的用途说法错误的是（ ）

A. 氧气可以用来炼钢

B. 氧气可以用来灭火

C. 氧气可用于登山或飞行

D. 氧气可提供动物呼吸

正确答案：B

解析： 氧气不能用来灭火，因为它是助燃剂，不会灭火，反而会让火烧得更旺。

三、下列可以说明自然界水中含有氧气的是（　）

A. 河水清澈

B. 黄河水浑浊

C. 有鱼虾

D. 河边空气好

正确答案：C

解析： 因为鱼虾的生存时时刻刻离不开氧气，它们能在水中生存，则表明水中肯定有氧气。

第四章

植物与空气

我们知道动物离开了空气,就不能生存,那么植物呢?植物的生存会受到空气的影响吗?空气受到污染了,会不会伤害到植物呢?

植物离不开空气

植物像个沉默的孩子,安静地生存在地球上,然而,它们跟动物一样,也离不开空气。我们最为熟悉的植物的光合作用,便是最典型的例子之一。

植物生存需要养料和能量，而这些养料和能量恰巧储存在光合作用产生的葡萄糖等有机物里。通过前面的章节我们知道，植物的光合作用恰恰需要吸收空气中的二氧化碳，所以，试想一下，如果植物生活在一个真空的状态下，将无从获得光合作用所需的二氧化碳，便无法制得葡萄糖等有机养料，从而无法获得养料和能量来满足自己的生命活动，自然也会枯萎而死。

此外，植物的组织和器官的形成，简单地说，就是植物的生长还需要各种元素，如氮元素等，氮元素主要来源于空气中的氮气。虽然现在人类会用化工生产的氮肥来满足植物所需，但是，

　　氮肥也是通过高温高压的条件下，将空气中的氮气和氢气发生反应，生成氨气后一步步制得的，所以，从根本上来说，植物的生长也离不开空气。这也是宇宙中除了覆盖了一层空气外，其他星球至今尚未发现有生物存在的最大的原因。

　　与植物的生命活动息息相关的呼吸作用，也离不开空气。和人类的呼吸作用一样，植物的呼吸作用也是时时刻刻在进行着，它们的呼吸也需要氧气。植物的呼吸作用其实是将细胞内储存的糖类等有机物进行氧化分解，最终生成二氧化碳和其他产物，并在这个过程中释放出植物生命活动所需的能量。就像人一样，没有了能量，就会变得萎靡不振，无法学习、工作，植物要是没有了呼吸作用产生的能量，也就无法进行光合作用，植物的根也无法从土壤中吸收水分和微量元素，从而枯萎。

不过，有些植物在无氧的条件下，也可以进行呼吸作用。如一些高等植物，当遭受到水淹时，它可以进行短时间的无氧呼吸，将葡萄糖等有机养分分解成酒精和二氧化碳，但是，植物在进行无氧呼吸时，释放出来的能量却比有氧呼吸时少多了。

空气的净化也离不开植物

植物的呼吸作用和光合作用，对空气中的二氧化碳和氧气的循环有着重要的作用，在空气受到污染时，一些植物还能起到净化空气的作用。

新房子装修时，一些木板、油漆等都会释放出对人体有害的苯、甲醛气体。不过，房子里放一些常春藤，就可以有效地吸收这些气体，起到净化空气的作用，此外，一盆绿萝在8～10平方

米的房间里就等同于一个空气净化器，可以同时吸收空气中的甲醛、苯及三氯乙烯等有害气体，被称为净化空气的能手。另外，还有仙人掌和仙人球，它能吸附空气中飘浮的颗粒物，如尘土等。还有吊篮，它不但能吸收甲醛、苯乙烯、一氧化碳、二氧化碳等有害物质，甚至还可以吸收香烟烟雾中的尼古丁。

虽然植物是在一定的程度上，能吸收空气中的有害气体，但是随着空气污染的加剧，植物根本忙不过来，再加上有些污染是植物根本没有办法抵抗的。比如，由氮氧化物和硫氧化物等形成的酸雨，就会对植物的叶片造成伤害和腐蚀。酸雨中的物质会跟镁离子发生反应，生成一种沉淀物，使得叶片中的镁离子减少，叶片上的叶绿素就变成了脱镁叶绿素，叶绿素本身的成分遭到了破坏，以致植物不能进行光合作用。而植物体内的氨基酸及一些酶，也会跟酸雨中的物质发生反应，从而生成了一些化合物，不仅消耗了植物的养分，还让酶失去了活性，也会导致植物无法进行正常的光合作用及呼吸作用，植物慢慢变得枯萎。因此，如果人类一直肆无忌惮的污染空气，总有一天植物也会在地球上消失，到那时候，我们恐怕也会跟着消失。

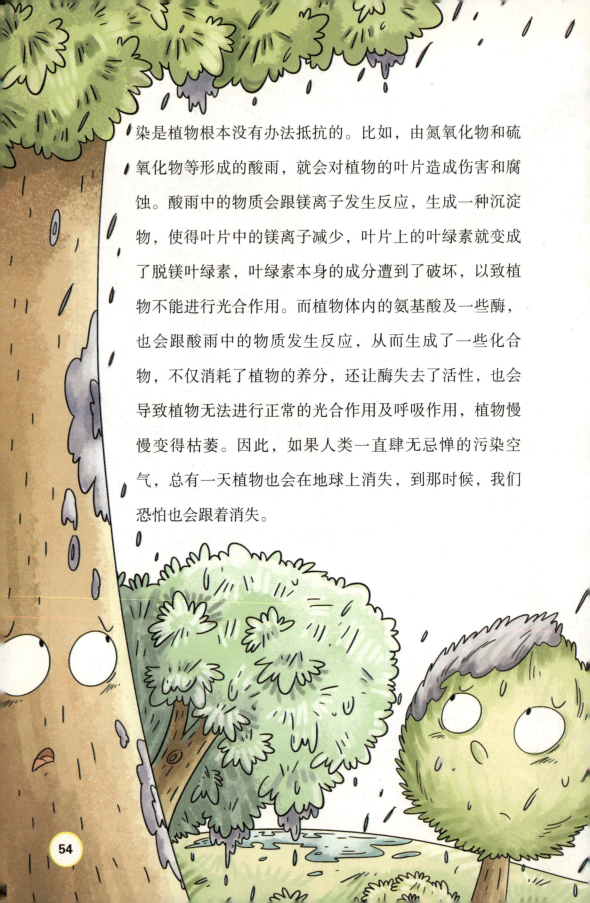

颗粒污染物会伤害植物

空气中还存在一些颗粒污染物，包括氟化物尘埃、煤烟、硫酸烟雾及铅微粒，甚至还有一些来自各种金属加工的颗粒物质。它们飘浮在空中，会不自觉地进入人们的口鼻中，同样的，也会与植物发生亲密的接触。这些颗粒污染物对植物的叶片、枝桠以及花都有直接的影响。

首先，我们就来看看那些水泥窑尘埃对植物的影响。水泥窑尘埃一般是从窑中出来的废气，其中含有大量的尘粉。当它们被排出来散落在各种植物上，就会在叶片、枝桠和花上盖上了一层厚厚的尘粉。这些尘埃再与雾和微雨相结合，经过雨水的冲刷后就很难洗掉了。这是因为这些尘埃是由硅酸钙或生石灰组成，当它们遇到雨水后，会生成氢氧化钙即硅酸等非常坚硬的壳层。这些壳层与叶片紧密接触。当然，要是长时间没雨，这些尘埃也就无法形成厚厚的壳层，从而很容易被大雨给冲刷干净。

让人吃惊的是，这些尘埃落在叶片或枝桠上形成的壳层，并不具备保护植物的作用，反而会使得针叶过早的脱落。而更让人厌恶的是，这些枝桠即使死掉，而新生的针叶上又会形成壳层，从而减短了植物的生长旺期，生长速度也变得非常缓慢。而且，尘埃落在植物的柱头上，还会阻碍花粉的萌发。此外，树叶的叶片上蒙上一层壳层，影响了植物的光合作用，减少了糖类、淀粉的合成。叶片上的气孔也会被尘埃堵塞，使得叶片组织无法正常进行二氧化碳和氧气的交换，导致植物被闷死。

当然，尘埃中还含有一种氯化钾，当它落在植物身上，还会伤害一部分叶片组织，并造成叶绿体的移动。而尘埃中的氧化钙与水反应生成的氢氧化钙是一种碱性物质，会穿透叶片表面的气孔，渗透到下面的细胞。在一些蔷薇和草莓的叶片内可以提取到氢氧化钙，就是因为氢氧化钙可以穿透到叶片组织中。

其次，含氟化物颗粒对植物也会有危害，虽然氟化物颗粒不能透入叶片组织，只能残留在叶表面，而且极易被雨水淋洗掉。不过，当氟化物颗粒残留在叶表面上时，如果被牛和羊吞食的话，牛和羊就可能因氟中毒而死。实在太恐怖了！

而煤烟落在植物上，却会造成叶片上大量毛孔被堵塞，阻碍了植物正常的气体交换，影响了植物的生长。而且，这种煤烟还具有一定的酸度，常常让叶片上出现坏死的斑点。

不过，位于公路附近的植物因为长期吸收汽车的尾气，身上散落有大量的铅微粒，所以植物累积的铅肯定很多，不过，现在还尚未发现它对植物有危害。

为了保护植物不受空气中颗粒污染物的影响，我们应减少颗粒污染物的排放，尤其是水泥窑尘埃。

小测验

一、下面关于植物和空气的关系，说法正确的是（ ）

A. 植物对空气没好处

B. 植物进行呼吸作用时，从空气中吸收二氧化碳

C. 植物进行光合作用时，从空气中吸收氧气

D. 空气受污染，会影响到植物

正确答案：D

解析：植物可以净化空气，所以对空气有好处；植物进行呼吸作用时，从空气吸收的是氧气；植物进行光合作用时，从空气中吸收的是二氧化碳。

二、下面关于植物离不开空气的原因，说法错误的是（ ）

A. 植物所需的能量，需要空气做支持进行呼吸作用时释放出来

B. 植物的糖类养分，需要依靠空气中的二氧化碳

C. 植物中的氮元素来自空气中的氮气

D. 植物中的氮元素跟氮气无关，只要采用人工施肥就可以了

正确答案：D

解析：人类会用化工生产的氮肥来满足植物所需，但是，氮肥也是通过高温高压的条件下，将空气中的氮气和氢气发生反应，生成氨气后一步步制得的。

三、下面关于空气中的污染物，对植物的伤害说法错误的是（　）

A. 臭氧可以损坏植物的细胞壁

B. 二氧化硫会破坏叶绿素

C. 臭氧可以让植物的叶绿素失去镁离子

D. 二氧化硫会形成酸雨，从而对植物进行腐蚀

正确答案：C

解析：臭氧主要通过损坏植物的细胞壁，来进行破坏活动，使得植物失去镁离子的是二氧化硫。

第五章

臭氧的功与过

臭氧可以抵挡紫外线,为生物的生长营造一个安全的环境,不过臭氧到达对流层,被人体和动物所吸收,却会有生命危险,这是怎么回事呢?臭氧到底是一种什么样的气体呢?

什么是臭氧

　　大气中也含有臭氧，只是关于它的含量少得可怜。而且，臭氧层主要存在于平流层内，并形成了一个小大气层，我们把它称作臭氧层。

　　臭氧的化学式为O_3，是一种由三个氧原子组成的物质。我们呼吸时吸入的氧气由两个氧原子组成，其分子式为O_2。细心的人肯定发现了，这两者的组成仅仅相差了一个氧原子，那么它们二者是差不多的物质吗？事实上，根据组成分子的粒子的排列情况的不同，两者的性质也出现了千差万别，氧气和臭氧是两种完全不同的物质。

事实上，臭氧是氧气的同素异形体，与无色无味的氧气不同，臭氧是一种淡蓝色气体，且会散发出一种独特臭味，因此它的名字也是自希腊语"闻味道"逐渐演变而来。当空气中含有臭氧的量达到0.0002%以上，你就会闻到一股刺鼻的怪味。庆幸的是，在我们人类日常生活所接触到的空气中，臭氧基本上没有达到这么高的含量，我们才能如此轻松自在地生活着。

臭氧的稳定性比氧气差很多，在常温常压下，它便会发生分解反应，生成氧气。不过，氧气在高能量的情况下，可以分解为

氧原子，氧原子和其他氧分子反应，就可以生成臭氧。尤其在距离地球表面较远的平流层中，接受太阳紫外线辐射较多的时候，氧气的分解更为频繁，不断地生成臭氧，而臭氧也在不断地分解，生成氧气，正因为如此，臭氧的含量才能维持在一个恒定的量。不过，有趣的是，臭氧可以溶于水，而且比氧气在水中的溶解度高上大概13倍。当臭氧在有金属离子的水溶液中溶解时，臭氧分解为氧气的速度更快，然而，即使是在纯水中，臭氧的自行分解也要比在空气中的分解速度快。

跟氧气相同，臭氧也是一种氧化剂，而且其氧化能力比氧气更强，仅次于氟。除了含铬铁合金基本上不跟臭氧反应，能和很多常见的金属都可以发生氧化反应,还可以将有机化合物氧化,如跟银反应生成过氧化银,跟硫化铅反应生成硫酸铅。它还可以腐蚀橡胶,将橡胶中的有机不饱和化合物氧化,不过,它与有机物的反应非常复杂,最终产物也许是单体的,也许是聚合的,也有可能是交错的臭氧化物的混合体,所以,要正确的写出它和有机物反应的产物,还真是件费脑筋的事。当然,臭氧的氧化能力并不是万能的,并非什么时候遇到什么物质都可以发生,即使其他物质本身极易氧化,也有可能不会发生氧化反应,如极易被氧化的乙醇,却很难被臭氧氧化。

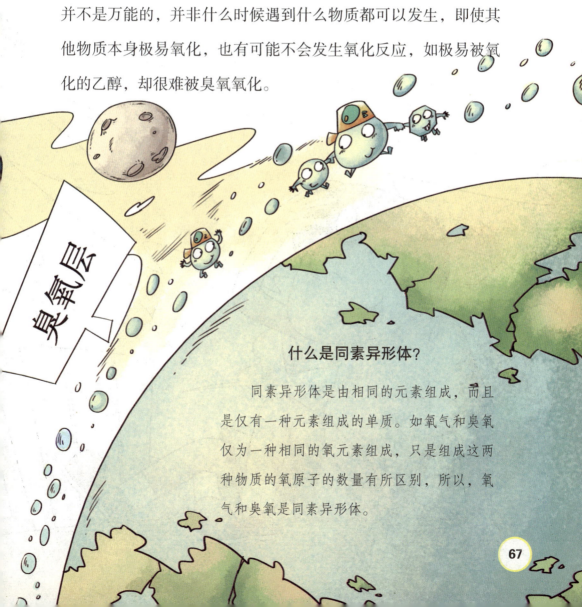

什么是同素异形体?

同素异形体是由相同的元素组成,而且是仅有一种元素组成的单质。如氧气和臭氧仅为一种相同的氧元素组成,只是组成这两种物质的氧原子的数量有所区别,所以,氧气和臭氧是同素异形体。

不容小看的臭氧的作用

臭氧虽然是个不安分的家伙，不过，也正因为它活泼的个性，使得它的作用不容小觑，如它可以抵挡紫外线、杀菌、除臭净化、果蔬保鲜……

臭氧层位于平流层，可以阻挡太阳中的紫外线，保护地球上的生物不被紫外线给伤害到，可以说，没有臭氧层，我们的地球上就不会有这么多种生物，甚至连人类也不会存在。

紫外线是波长短于可见光的光。与可见光不同，我们用肉眼根本无法看到它，不过，它却具备足以破坏细胞的强大能量。当我们接触到大量紫外线，我们的皮肤会出现快速衰老，还会提高患皮肤癌的概率。而要是眼睛被紫外线照射时间过长，就会患上白内障，实在太恐怖了。

此外，紫外线对植物的伤害也不可小觑。紫外线对绿色植物叶片中的叶绿素有破坏作用，对于绿色植物来说，一旦叶绿素被损坏，就无法进行光合作用，从而丧失了自我生产养料的能力，致使植物生长状况不良，甚至死亡。绿色植物的减少，势必影响食物链，从而破坏整个生态系统。

就算最早孕育生命的海水里的生物也一样，如果长期遭受紫外线的照射，水中的浮游植物也会大大减少，从而导致以浮游植物为生的海洋动物饿死而灭亡。然而，有了臭氧，可怕的紫外线却无法全部照射到地球上，可以说，臭氧就像地球的一把保护伞，抵挡住了紫外线入侵地球。不过，臭氧到底是怎么阻挡紫外线的呢？

其实，紫外线对动植物的伤害都源于其本身具有的能量，而臭氧在平流层中会吸收紫外线的能量，从而分解为氧气，然后这些氧气又会在紫外线的强能量下合成臭氧，如此反复，臭氧的量

没有发生太大的变化,但是这其中却多次消耗了紫外线的能量,以致直接照射到地球表面上的能量大大减少,地球上的微生物才得以避免遭受紫外线的伤害。

此外,臭氧是一种强氧化剂,所以,它可以用来杀菌。它通过破坏细菌的细胞壁,迅速地扩散入细胞内,从而对细菌内部的葡萄糖以及葡萄糖氧化酶进行氧化分解,实现了将细菌杀死的目的。当然,它也可以直接和细菌、病毒发生作用,将它们体内的细胞、DNA、RNA、蛋白质等发生聚合反应,从而破坏了细菌的代谢和繁殖过程。不过,从本质上来讲,臭氧把细菌杀死,都是将其细胞膜断裂所致,这种过程是不可逆的,所以,细菌一旦被臭氧杀死，就不可能再生。而且，臭氧的灭菌和消毒作用几乎是瞬间将其溶于水中，仅需半分钟到1分钟，就能将细菌杀死，比次氯酸还厉害。最关键的是，杀菌后并不会对空气造成污染，因此，臭氧常被用来杀毒，如臭氧灭菌柜、空调中的臭氧发生装置、医学上的臭氧消毒装置、医院里的空气消毒……

再者，臭氧还有除臭净化的作用，说到这里，可能有人会奇怪了，臭氧自己都臭臭的，怎么还能除臭呢。这可多亏了臭氧的强氧化性能。正是它的这种性能可以把那些会产生臭味及其他气味的有机或无机物质分解为无害的物质，从而实现了脱臭的目的，比如，我们在厕所里最常闻到充满臭味的氨气，就可以被臭氧氧化为二氧化碳和水，所以，臭氧常被用来除臭、净化空气、净化自来水。当然，臭氧在净化自来水的时候，并不仅仅除臭，还会消毒，并去除重金属等污染物，从而制得理想的纯净饮用水。

让人苦恼的臭氧

从上一节我们知道，臭氧不仅是吸收紫外线、保护生物体的大功臣，还被广泛应用于各种领域，是一种效果很好的消毒除臭剂，可是，它也有让人苦恼的一面，尤其是当它偷偷溜到地球的表面的时候，我们就要格外小心了。你看，就连我们平时关注的天气预报，除了报道雾气和烟雾外，还会听到关于臭氧警报及一些关于臭氧的注意事项呢。这到底是怎么回事呢？

当臭氧出现在对流层时，它的危害可不容小觑。臭氧的氧化能力特别强，它可以腐蚀橡胶，将橡胶中的有机不饱和化合物氧

化为有机饱和化合物，它还可以腐蚀金属，将铝、锌、铅等氧化为金属氧化物，还会影响树木的生长，破坏分解植物的细胞壁，并将植物中通过光合作用生产的有机营养物质进行分解氧化，使得植物丧失自我供给的能力。此外，臭氧会与空气中的碳氢化合物发生反应产生了一种新物质，这种物质正是光化学烟雾产生的罪魁祸首之一。

再者，臭氧对人类的危害也非常的大。当我们所处的环境中臭氧的浓度达到百万分之0.1至百万分之0.3时，我们只要待上两个小时，臭氧吸入肺部，会对肺部细胞的细胞壁产生分解，致使肺部功能受损；当我们所处的环境的臭氧浓度在百万分之0.5以上，我们待上6个小时的话，肺部细胞的细胞壁被大量臭氧分解，以致功能严重受损，人会出现干呕、疼痛等，因此，对流层中臭氧含量越高，带来的危害就越严重。

那么，人类要保护自己的话，应该怎么办呢？显然，减少对流层中臭氧的含量是最直接的方法。奇怪的是，臭氧好端端地待在平流层怎么就会跑到对流层来呢？如果这样想，那就大错特错了。其实，对流层的臭氧可不是来自平流层，它主要来源于对流层内的氮氧化物。氮氧化物主要来自汽车的尾气，这些氮氧化物在紫外线的作用下，会和氧气发生反应，从而生成了臭氧。这也

就不难理解为什么阳光强烈、紫外线较多的夏季或午后，臭氧的浓度比平时高了。因此，要减少臭氧对我们的危害，归根结底，应该减少氮氧化物的释放量，比如减少干洗或喷漆、坐公共交通工具代替轿车减少汽车尾气的排放……

不过，在对流层不可避免出现臭氧时，我们应多关注天气预报，在臭氧浓度较高时，减少外出进行剧烈运动，那些呼吸疾病患者、老人、儿童，也尽量不要去室外活动。

次氯酸是什么东西？

次氯酸的化学式为 $HClO$，它基本上存在于水溶液中，一般是往水中充入氯气所得的物质，其具有很强的氧化性，所以，常用来给自来水消毒，不过速度比臭氧慢很多。

小测验

一、关于臭氧的危害说法正确的是（ ）

A. 臭氧可以抵挡紫外线

B. 臭氧可以杀菌

C. 对流层中的臭氧会造成人们的肺部不适

D. 平流层中的臭氧也会对人们造成危害

正确答案：C

解析：臭氧抵挡紫外线和杀菌都是它的好的一面；平流层中的臭氧不会对人们造成危害。

二、下面关于臭氧的说法正确的是（ ）

A. 臭氧和氧气没什么区别

B. 臭氧也可以助燃

C. 臭氧能抵挡紫外线

D. 臭氧无色无味

正确答案：C

解析：臭氧和氧气虽然是同素异形体，却是两种完全不一样的物质；臭氧不可以助燃，氧气可以；臭氧是一种淡蓝色气体，而且还有刺激性气味。

三、下面关于臭氧的应用，正确的是（　　）

A. 臭氧有强氧化性，所以可以用来杀菌

B. 臭氧的杀菌能力很弱，一般要用很长的时间才能把细菌杀死

C. 臭氧不可以抵挡紫外线

D. 臭氧无论是在对流层还是在平流层都是百利无一害的

正确答案： A

解析：臭氧的杀菌能力很强，一般只要半分钟就可以把细菌杀死；臭氧能抵挡紫外线；在平流层的臭氧对抵挡紫外线很有用，可是在对流层存在很多臭氧的话，对人会造成危害。

第六章

矿井空气有危险

矿井里总是充满危险,我国每年都会发生很多矿井事故,这主要是由矿井的环境造成的。其中一个比较重要的因素就是矿井空气与地面空气的组成不同,有了明显的变化,以致工人们在矿井里工作产生各种不适应。那么,到底矿井空气与地面空气有什么不同呢?它的危险性主要体现在哪里呢?

矿井空气跟地面空气不一样

在第一章我们知道，地面的空气主要由氮气、氧气、氩气、二氧化碳等组成，其中氮气占78%，氧气占21%，氩气占0.94%，二氧化碳占0.03%，其他占0.03%。然而，当地面空气进入矿井后，就会发生一系列的变化。这种变化主要体现在氧含量的减少，二氧化碳含量的增多，而且还增加了一些有毒、有害或爆炸性的气体，如一氧化碳、甲烷、硫化氢、二氧化硫、二氧化氮等。此外，空气的温度、湿度及压力也有了一定的变化，我

们把这种充满在矿内巷道中的各种气体与杂质的混合物就称作矿内空气。可是，为什么地面空气进入矿井后，就会发生这样的变化呢？

矿内空气中氧气减少与二氧化碳增加的原因，主要有：一、人吸收了氧气，释放出了二氧化碳；二、矿用油灯一小时产生20升左右的二氧化碳，而且还消耗了氧气；三、各种有机物、无机物以及煤炭的缓慢氧化，在这个氧化过程中，消耗了氧气，释放出了二氧化碳；四、沼气（甲烷）和煤尘的爆炸及矿内火灾，也消耗了氧气，释放出了二氧化碳。此外，矿内空气中二氧化碳的增加，有的来自于煤层中，有些煤矿的煤层会在极短的时间里喷出很多二氧化碳，还有的是矿内的酸性水和碳酸盐发生反应，生成了二氧化碳。

从煤层中涌出二氧化碳外，还会有少量甲烷涌出，这也是导致矿内空气中氧气与氮气的含量降低的原因，有时候甲烷和二氧化碳含量很高，甚至会将空气完全排挤出去，以致巷道内充满了甲烷和二氧化碳。

而氮的含量也有可能发生变化，尤其是在废弃的巷道或隔离的火区内，充斥着大量的氮气和二氧化碳，使得氧气量相对降低。不过，矿井中的氮气主要来源于有机物的腐烂、爆破作用以及从煤层或岩层的裂缝中涌出。

当然，矿井中的有毒、有害或爆炸性气体的增加也不是没有原因的，如一氧化碳的增加主要是因为爆破工作和矿内火灾引

起的，一般来说，一公斤的炸药爆破后就会生成300升的一氧化碳，而矿内瓦斯或煤尘爆炸及支架木材等材料的燃烧，在燃烧不完全的时候，1立方米木材会产生500立方米的一氧化碳，这样的比例实在让人胆战心惊；矿内的有毒气体硫化氢则主要来源于有机物的腐烂及硫化矿物的水解、自燃，不完全爆破与导火线的燃烧；有毒气体二氧化硫主要来源于含硫矿物的缓慢氧化和自燃以及在含硫岩层中发生的爆破工作……

矿井主要是为挖矿所用，所以在采矿中无可避免地会用到爆破，这也就难以避免地会产生一些有毒气体，再加上矿内很多巷道通风不良，极易造成氧气的含量降低，所以采矿工人在地下工作的时候，一定要注意安全，并事先做好检查。

矿井空气的可怕之处

矿井空气中二氧化碳含量增加，会引起呼吸不畅，从而引发二氧化碳中毒，其具体的影响在二氧化碳的章节已介绍，除此之外，还有一氧化碳、硫化氢、二氧化硫、二氧化氮等这些有毒气体，对人造成的伤害各不相同。一氧化碳在后面章节会具体讲解，现在，我们就来看看硫化氢、二氧化硫、二氧化氮这几种有毒气体对人类的影响。

所谓硫化氢，分子式为H_2S，在标准状况下，它是一种易燃的酸性气体，无色，有臭鸡蛋气味，并含剧毒。它会使人体内的血液中毒，并对眼睛黏膜和呼吸系统有强烈的刺激作用。当空气中含有0.01～0.015%时，人会流唾液和鼻涕，并伴随有瞳孔放大和呼吸困难的现象出现，当空气中硫化氢的含量达到0.02%时，只要待上5～8分钟，就会引起眼、鼻、喉黏膜的强烈刺激，甚至出现昏睡、头痛、呕吐、四肢无力的现象。而当空气中硫化氢的含量达到0.05%时，只要待上半个小时，人就会出现痉挛，甚至失去知觉。尚若未进行急救，便会很快死亡。这是因为硫化氢进入人体与人体内的水形成了氢硫酸，氢硫酸的还原性强，能腐蚀黏膜并和体内一些离子发生反应，并放出热量灼伤到人体细胞。而当空气中有适当的氧气和硫化氢混合时，会发生爆炸，发生硫化氢的氧化反应。硫化氢和氧气发生反应，通常会生成二氧化硫

或硫单质。二氧化硫也是一种有毒的气体，对人体会造成第二次伤害，想想都觉得恐怖。

而所谓二氧化硫气体，是一种无色透明、有刺激性气味的气体，二氧化硫易溶于水形成亚硫酸，在温度20℃时，一个体积水可溶解四个体积的二氧化硫。当人体吸入二氧化硫时，二氧化硫会跟呼吸道中的液体接触并形成硫酸，对呼吸器官产生腐蚀，以致喉咙与支气管发炎，严重的甚至会引发肺水肿病。

二氧化硫对人体的危害和它在空气中的含量有关，当空气中二氧化硫的含量为0.0005%时，人可以用鼻子闻到这种气味，不过暂时没有不适感；当空气中二氧化硫的含量为0.002%时，对眼

睛和呼吸器官就有强烈的刺激作用，并引起眼睛红肿、咳嗽、喉痛等症状；当空气中二氧化硫的含量为0.05%时，会引发急性支气管炎、肺水肿，甚至中毒死亡，其危害作用也不容忽视。

而所谓二氧化氮气体，是一种棕红色、带刺激性气味的气体，极易溶于水，对眼睛、鼻腔和呼吸道及肺部有刺激作用，这是因为二氧化氮被吸入人体后，会和水反应生成亚硝酸和硝酸。亚硝酸和硝酸的酸性较强，都会对肺部组织起到破坏作用，导致肺部的浮肿。不过，让人更害怕的是，二氧化氮中毒后，症状没那么快出现，一般在6小时之后，并且在危险的浓度下，才会出现呼吸困难、不断咳嗽的症状。然而，当经过20~30小时后，

就会造成非常严重的支气管炎，甚至吐出淡黄色痰液，发生肺水肿，并迅速死亡。而且，二氧化氮对人的伤害程度也跟空气中二氧化氮的含量有关系。当含量为0.004%时，2～4小时暂时不会有明显的中毒现象；当含量为0.006%时，短时间里便会对呼吸器官有刺激作用，并引起咳嗽；当含量为0.01%时，短时间里便会剧烈的咳嗽、呕吐，甚至麻木；当含量0.025%为时，人很快就会死亡。

由以上几种气体可以看出，矿井空气中有毒气体含量增多时，采矿工人的生命危险也会增大很多。

做好测量，再下矿井

矿井空气中所含毒害气体常常会超标，因此为了安全生产，一定要做好矿井空气的毒害气体含量的测量。那么，该怎么测量这些有害气体的含量呢？本章我们就来看看一氧化碳、硫化氢和二氧化硫气体的含量的测定方法。

测量一氧化碳的方法有很多，其中最简单的便是简易比色法。简易比色法采用钯盐硅胶指示剂。这种指示剂是由活性化硅胶浸湿钼酸铵后，再浸湿硫酸钯溶液，然后经过干燥制得。一氧化碳和这种指示剂反应会生成金属钯，这种钯起催化作用使得钼酸铵生成了钼蓝。按照形成蓝色的深浅便可以求得一氧化碳

的含量。这种测定一氧化碳的方法,灵敏度非常高,最低可测到0.001%。

其次,对硫化氢的含量的测定方法一般采用指示胶的方法。所谓指示胶是用活性化的硅胶做载体浸润的醋酸铅,吸附后形成的一种指示胶。把这种指示胶装在细玻璃管中制成鉴定管。这种鉴定管能测量硫化氢的含量,主要是因为醋酸铅和硫化氢会反应生成硫化铅,硫化铅是一种红褐色物质,根据指示胶上呈现的红褐色的色层的长度跟硫化氢的浓度成比例,则可以通过色层的长度来测得硫化氢的含量。

而测量二氧化硫的含量,使用的是一种以硅胶作为载体,吸附碘、碘化银及淀粉的混合试剂制成的灵敏的检定指示胶,把这种指示胶放在玻璃管里便制成了鉴定管。为什么这种指示胶可以测得二氧化硫的含量呢?这是因为当碘、碘化钾和淀粉与二氧化硫气体接触时,会生成硫酸,碘单质则变成了碘化氢。碘单质原本和淀粉相遇时为紫褐色的,而碘单质被还原生成了碘化氢后紫褐色会退去为白色,然后根据鉴定管中退色的长度能鉴定出二氧化硫的浓度。

检测矿井空气中这些有毒害气体的含量虽然有时候会比较麻烦,但是为了安全,再麻烦也要执行。

小测验

一、矿井空气中，下面哪种气体是没毒的（ ）

A. 一氧化碳　B. 二氧化硫

C. 硫化氢　　D. 氧气

正确答案：D

解析：氧气不是有毒的气体，一氧化碳、二氧化硫、硫化氢都是有毒的气体，对人体会造成伤害。

二、下面关于矿井空气，说法正确的是（ ）

A. 矿井空气跟地面空气没什么区别

B. 矿井中的煤层不会涌出任何的气体

C. 矿井空气中，二氧化碳的含量增多，氧气含量降低

D. 矿井空气中，如果一氧化碳过量，采矿工人也可以下井采矿

正确答案：C

解析：矿井空气跟地面空气有区别，组成成分各不相同；矿井中煤层中会涌出二氧化碳、甲烷等气体；矿井空气中，如果一氧化碳过量，是非常危险的，这时候采矿工人绝对不可以下井采矿。

三、二氧化硫和硫化氢有什么不同？说法正确的是（ ）

A. 二氧化硫会对人体造成伤害，硫化氢不会对人体有伤害

B. 二氧化硫和硫化氢溶于水都会形成酸

C. 二氧化硫不溶于水，硫化氢溶于水

D. 二氧化硫有刺激性气味，硫化氢无气味

正确答案：B

解析：无论是二氧化硫还是硫化氢，都会对人体造成伤害；二氧化硫溶于水，形成亚硫酸，硫化氢溶于水形成硫氢酸；二氧化硫和硫化氢都溶于水，都有刺激性气味。

第七章

空气被污染了

工厂盖得越来越多,产业发展得越来越快,经济高速发展着,空气却因此遭受了污染。

成天雾霾茫茫,天空也变成了灰色……

从什么时候开始,我们不再进行晨跑?从什么时候开始,我们出门常戴口罩?空气中到底增添了多少有害的物质?我们该怎么去阻止空气的污染呢?

烟雾与光化学烟雾

烟雾和雾气有所不同,雾气是靠近地面的小水珠飘浮在空气中所产生的一种现象,然而,随着空气污染变得越来越严重,除了小水珠会产生雾气外,又多了一种能产生雾气的物质——大气的污染物。这些污染物飘浮在大气中以雾气的形态出现,就形成了烟雾。说得简单点,其实烟雾是烟气和雾气的合成词。当雾气遇上从工厂或建筑物烟囱中排出的烟气就会生成烟雾,这也是烟

雾名称的来由。一般到了白天，雾气基本上都会消失，而烟雾却不容易消失，即使在阳光明媚时也可能会有烟雾的存在。

产生烟雾的原因并不尽相同，现在，地球上最常见的烟雾主要分为伦敦型烟雾与洛杉矶烟雾（光化学烟雾）。这两种烟雾到底有什么不同的特点呢？说到这儿，我们还是先来好好了解一下这两种烟雾。

伦敦型烟雾，顾名思义，为伦敦这座城市发生的典型性烟雾。然而，到底是什么让伦敦最先产生了这种烟雾呢？科学家通过各种实验分析得出，正是伦敦的工业化发展，燃烧了大量煤炭，以致煤炭燃烧所产生的硫氧化物跟浓浓的烟雾结合，形成了

让人苦恼至极又害怕的烟雾杀手。原来，煤炭中含有大量的硫磺等含硫元素，它们在燃烧时与氧气反应生成了硫氧化物，这些硫氧化物的主要成分是二氧化硫和三氧化硫。它们为无色、有刺激性臭味的气体，所以单凭肉眼你无从看到它，而当你闻到它时，它可能已经钻入你的鼻孔，并对你的身体造成了损害。它们会刺激人的呼吸系统，引起支气管反射性收缩与痉挛，甚至引起肺水肿、肺心性疾病。要是大气中存在颗粒物质，这些颗粒物质还会吸附住硫氧化物，一旦被人吸收，危害更大。

　　也正因为如此，在19-20世纪，伦敦曾爆发了的巨型烟雾，致使上千人死亡，由此可见，烟雾的杀伤力极为恐怖。

　　而所谓洛杉矶烟雾，是指发生在洛杉矶的一种典型性烟雾。这种烟雾最先出现在洛杉矶，呈黄棕色，会造成人类呼吸困难，视力也有所下降。在最开始，人们普遍认为这种烟雾跟伦敦型烟雾的形成原因相同，于是洛杉矶政府开始大力限制煤炭和石油的燃烧，以减少二氧化硫的排量。遗憾的是，这种黄棕色烟雾并未消失。这就奇怪了，那它到底是什么原因造成的呢？很多专家开始研究，到了1951年，这种黄棕色烟雾的真实面目终于揭开了。

原来，它的产生都是汽车尾气中的氮氧化合物惹的祸。这种氮氧化物真是个坏家伙，一遇到紫外线便产生了臭氧，臭氧会跟空气中的碳氢化合物结合后产生了一种新物质，正是这种物质，形成了黄棕色的烟雾。更恐怖的是，这种烟雾可是在强烈的阳光照射下发生的化学反应，所以即使是太阳高照的白天，它也不会消失。正因为如此，它获得了另外一个名字——"光化学烟雾"。

一般来说，气温高、风弱、天气晴朗的时候，光化学烟雾更容易产生，它对人们的危害很大，还会损害植物，导致植物叶片干枯，结不出果实。

不过，无论是伦敦型烟雾还是洛杉矶烟雾，溶于雨水后都会形成酸，从而产生了酸雨。

伦敦型烟雾里含有的物质是怎么转变为酸的呢？

伦敦型烟雾中主要含有硫氧化物，如二氧化硫、三氧化硫，这些硫氧化物遇到水蒸气会发生化学反应，生成硫酸。

臭氧层出现空洞了

地球上的生物能免受紫外线的伤害，多亏了臭氧层的保护。然而，如今，臭氧层却正在遭受破坏。这跟大气中出现了很多有害的气体有着紧密的联系，其中破坏臭氧层的罪魁祸首主要是一种叫"氟利昂"的气体。这种气体原本是用作冰箱或空调上的制冷剂的，它在被人们使用的过程中，大量排放了出来，从而飘浮在大气中。当它进入到空气上升到平流层后，便会对臭氧层造成破坏。不过，这种气体到底是怎么破坏臭氧层的呢？这就得从氟利昂气体在平流层发生的变化说起。

氟利昂气体飘浮到了平流层，会被强烈的紫外线照射，从而发生分解，释放出氯原子，自由的氯原子可是个不安分的家伙，它会从臭氧分子中夺取一个氧原子。臭氧分子失去了一个氧原子后则变成了一个普通的氧分子。不过，夺取了一个氧原子的氯原子则形成了一氧化氯分子。这种分子非常不稳定，氧原子给其中的氧原子极易被空中游离的氧原子给夺取并彼此结合为普通的氧分子。被夺去了氧原子的一氧化氯分子又生成为一个游离的氯原子，如此一来，它又可以重新将臭氧分子分解为氧气分子。这样一直循环下去，一个氯分子就可以把十万多个臭氧分子分解为氧气分子，实在是威力强大，以致臭氧层中的臭氧变得越来越少。

在1908～1984年间,南极上空的臭氧含量便开始大幅度下降,从而出现了臭氧空洞,这对人类的生存造成了极大的威胁。据科学家研究表明,大气中臭氧每减少1%,照射至地面的紫外线就会增加2%,皮肤癌的发病率也会增加5%,并对其他动植物产生了极大的危害。到2000年9月初,南极上空的臭氧层空洞面积达到2830平方千米,差不多是美国国土面积的三倍,面积之大不敢想象。不过,臭氧层空洞的现象到底是怎样的呢?为了更形象地了解这一现象,我们可以做一个实验。

首先，准备一个汽水瓶、一块口香糖、一个放大镜和少量热水。然后，往汽水瓶里注入半瓶热水，将口香糖嚼软后弄扁，紧接着把弄扁的口香糖封住瓶口，紧紧封住至不留一点缝隙。然后，把汽水瓶稍稍倾斜，让瓶里少许热水碰到口香糖，这时用放大镜观察口香糖的变化，你会发现，口香糖碰到热水后，会逐渐失去弹性，并渐渐形成了一个破洞，最后，口香糖裂开了。

此次试验其实是把瓶子当作地球，热水相当于会破坏臭氧层的化学物质，口香糖则当作为臭氧层，口香糖裂开后的样子，就相当于臭氧层空洞的样子，此过程发生的相当快。如果人类再不控制破坏臭氧层的化学物质的排放，臭氧层将会继续扩大。所幸人们都意识到了这一点，目前已经禁止用氟利昂做制冷剂了。

一、下面关于烟雾的说法正确的是（ ）

A. 有烟雾的早晨，最适合做体育锻炼了

B. 烟雾是烟气与雾气的合成词

C. 太阳一出来，烟雾就马上消失

D. 1952年英国伦敦发生的烟雾事件是因为迅速发展的工业造成的

正确答案：BD

解析：烟雾发生时，尽量不要外出锻炼身体；太阳出来，烟雾不会马上消失，而是慢慢地消失。

二、关于伦敦型烟雾与洛杉矶烟雾的区别，说法正确的是（ ）

A. 造成伦敦型烟雾的物质溶于水不会形成酸，而造成洛杉矶烟雾的物质溶于水不会生成酸

B. 伦敦型烟雾在阳光下也不会消散，而洛杉矶烟雾太阳出来就会消散

C. 洛杉矶烟雾主要由于氮氧化物引起的，而伦敦型烟雾主要由硫氧化物引起的

正确答案：C

解析：造成伦敦型烟雾的物质和造成洛杉矶烟雾的物质溶于水都会生成酸；伦敦型烟雾在阳光下会消散，而洛杉矶烟雾即使在阳光下也不会消散，所以被称为光化学烟雾。

三、下面关于氟利昂的说法错误的是（ ）

A. 氟利昂能制冷

B. 氟利昂会对臭氧层造成破坏

C. 氟利昂可以轻易分解为氯气

D. 氟利昂已经被禁用了

正确答案：C

解析：氟利昂无法轻易分解为氯气，必须在紫外线的照射下才会分解。

第八章

地球越来越暖了

地球变得越来越暖了，冬天里，你不一定看得到下雪，也不一定非得穿上厚厚的大棉袄了，对于怕冷的人来说，这真是件好事啊。

然而，地球的温度上升，真的是件好事吗？你想过地球变暖的原因吗？又是否想过地球变暖后，将会发生怎样的事呢？

温室效应越来越厉害

在前面的章节中，我们得知，因为有了大气的温室效应，地球才能维持一定的温度范围，使得昼夜温差不会太大，平均气温大概为15℃，生物体才能在地球上安全地生存。

然而，人类却用自己的行为致使某些气体的增多，形成了更强悍的温室效应，给整个地球的环境带来了极大的改变，地球才逐渐变得越来越温暖。

需要知道的是，并非所有的气体都能引起温室效应，就拿空气中含量最多的氮气和氧气来说吧，它们并不会形成温室效应。不过，空气中的水蒸气、二氧化碳、甲烷、氟利昂等气体成分，都会引起温室效应，它们被统称为温室气体。

当然，在这些温室气体中，80%是水蒸气，其他少量存在的二氧化碳、甲烷、氟利昂等气体，总共加起来也才20%。不过，在这些少量存在的温室气体中，二氧化碳的浓度相对来说是最高的。对于二氧化碳，我们并不陌生，我们每天呼出来的气体大部分则为二氧化碳。此外，一些化石燃料燃烧的产物也为二氧化碳。尤其在近些年来，工业化进程的脚步越来越快，化石燃料的使用自然也跟着增加，这样一来，空气中的二氧化碳含量也增加

许多。化石燃料就是动物的骨骼或植物的根茎埋在地下相当长一段时间后逐渐演变成化石并进一步加工而得的燃料。我们平时看到的石油、煤炭、天然气均为化石燃料。

化石燃料的燃烧产生了大量的二氧化碳，幸好植物可以吸收二氧化碳。有了植物，空气中二氧化碳的含量才不会高得太快，遗憾的是，人类并没有意识到这一点，不仅大量砍伐树木，还侵占草地，以致植物越来越少，对二氧化碳的吸收也大大减少，如此一来，二氧化碳不可避免地增多，也就为温室效应的增强提供了必要条件。

除了二氧化碳外，甲烷也是主要的温室气体。由于甲烷对红外线的吸收能力为二氧化碳的20倍，甲烷对温室效应的贡献明显比二氧化碳大多了，那么，自然界中，甲烷是怎么产生的呢？甲烷的产生主要通过以下几个途径：第一，有机物分解的过程中，即所有生命体死后腐烂或被消化时产生的甲烷气体；第二，牛等草食动物在咀嚼食物的时候产生；第三，人类放屁或打嗝也会偶尔释放出甲烷，当然，其释放的量比起牛少多了。

然而，让人不可思议的是，甲烷吸收紫外线能力还不是最强的，最强的非氟利昂气体莫属，它吸收紫外线的能力可是二氧化碳的1.6万~2万倍，实在强悍！也正因为如此，氟利昂在好长一段时间都被用作喷雾剂和制冷剂，不过，后来人们意识到，氟利昂气体不仅加剧了温室效应，还会对臭氧层有破坏，所以，人们放弃使用它了。

也正是因为有了这些气体的增多，温室效应才变得越来越严重，地球才变得越来越温暖。

氟利昂

实验室中，如何制得甲烷呢？

用无水醋酸钠（CH_3COONa）与碱石灰（$NaOH$和CaO做干燥剂）进行反应，

反应方程式：$CH_3COONa + NaOH \stackrel{\triangle}{=\!=\!=} Na_2CO_3 + CH_4 \uparrow$

全球变暖危害大

地球变暖了，有些原本冬天都会下雪的地方，也好几年没见雪花了，有些地方甚至感觉不到一年四季的变化，如此，不用在太寒冷的冬天被冻得瑟瑟发抖了，是不是就是一件好事呢？答案却是否定的，地球变暖几乎给全球都带来了灾难，世界各地经常会出现酷暑、旱灾、暴雨等较为极端的天气，就拿位于南半球的巴西来说吧，冬天的气温都超过了30℃，实在不可思议。

此外，全球变暖对一些地区的冰川也极为不利。气温上升，有些地区的冰川会融化为湖水，大量的冰川一起融化，势必造成海平面的上升，那么，一些陆地也就可能被彻底的淹没，并殃及原本生活在这片陆地上的生物。再者，冰川对阳光的反射率高于水，当冰川减少，海水就可以吸收更多的阳光。如此一来，海水的温度会上升，从而更进一步地增加整个地球的温度。

有意思的是，地球的温度上升，海水及江河的蒸发量也会有所增加，雨水也增多，从而导致暴雨出现频繁，就连下雨的地区也有了很大的改变，变得极不规律。这样一来，暴雨多的地区出现洪灾，而不下雨的地区则出现旱灾，沙漠的面积也逐渐扩大，原本的农耕地和树木茂盛的地区状态也有了很大改变。

地球温度的上升，也会对土壤中的有机物的分解速度有所影响，它们分解的速度会变快，并且在被分解后，又会释放出二氧化碳，二氧化碳的增多，则更进一步地加强了温室效应。

更恐怖的是，全球暖化会影响地球最低温度跟冰期最低平均温度的相差值。其实，地球上会轮流出现地球整体温度下降的冰期跟稍微暖和一些的冰期，现在的最低温度跟冰期最低平均温度的相差值仅为5℃，这两者仅相差1℃～2℃的话，将给地球带来非常严重的影响，甚至造成整个地球上生物的灭亡，实在不容小视。

从以上几个温度上升产生的现象我们不难看出，这种现象又会反过来进一步增加地球的温度。如此一来，便形成了恶性循环，恶性循环反复进行，全球想不变暖都难啊。

行动起来,防止全球变暖

全球变暖日益严重,它所带来的危害,也被人们亲眼所见甚至亲身体验到,因此,为了防止全球继续变暖下去,人们开始积极寻求阻止全球变暖的方法。不过,解决这一问题可不是一件容易的事情,也不是单靠一两个人就可以做到的,这需要全球各个国家的同心协作,一起控制好工业活动,才可以有效地解决问题。

所幸世界各国都意识到了这个问题，1992年，世界各国齐聚巴西首都里约热内卢签订了《气候变化公约》。按照公约里所约定的，到2000年止，各发达国家应一起努力把温室气体的排量降低至1990年的水平。遗憾的是，部分发达国家没能遵守约定，导致温室效应确实与日俱增。迫于无奈，1997年，世界各国又在日本的京都签订了《京都议定书》。按照议定书的规定，发达国家至2012年要减少温室气体的排放量。这次，各发达国家都履行了合约，到了2012年，与1990年的温室气体的排放量相比，温室气体的排放量有所减少，但是，这也确实影响到了各国的经济

增长。

所以，既想解决温室效应的问题，又想保持经济的稳步增长，在一定程度上来说是矛盾的。为此，最好的方法便是节约能源，并不断提升能源的利用效率，减少减缓二氧化碳、甲烷、氟利昂等气体的排放，这就要求我们每个人都得养成良好的节约能源的好习惯，节约用电，少开汽车，少使用甚至不使用一次性木筷，节约纸张，此外，还要多植树造林，并且不践踏草坪等保护绿色植物，让更多的绿色植物吸收更多的二氧化碳来帮助减缓温室效应。

小测验

一、温室气体中，按引起的温室效应由强到弱排序正确的是（　）

A. 二氧化碳、甲烷、氟利昂

B. 二氧化碳、氟利昂、甲烷

C. 氟利昂、二氧化碳、甲烷

D. 氟利昂、甲烷、二氧化碳

正确答案：D

解析：甲烷对红外线的吸收能力为二氧化碳的20倍，氟利昂气体吸收紫外线的能力为二氧化碳的1.6万～2万倍，所以它们引起的温室效应由强到弱排序为氟利昂、甲烷、二氧化碳。

二、下面有关温室效应的说法，正确的是（　　）

A. 要是没有温室效应，地球的气温将无法维持在一定的范围内

B. 引起温室效应的温室气体主要为氧气和氮气

C. 温室效应更多地发生在化石燃料的燃烧过程中

D. 温室效应会导致海平面的上升

E. 温室效应造成了全球变暖，应彻底把它消除掉

正确答案：ACD

解析：引起温室效应的温室气体主要是水蒸气、二氧化碳、甲烷等，并非氧气和氮气，氧气和氮气不属于温室气体；温室效应是正常现象，有它的存在才能将地球的气温维持在一定的范围内，不能将其彻底清除。

一氧化碳过多会怎样

提及一氧化碳，我们并不陌生，我们经常能听到一些关于煤气中毒的意外事故的发生，也正因为如此，人们对一氧化碳并没有什么好感。一听到它，甚至会不自觉地产生一种厌恶感。一旦遇上一氧化碳，尤其是高浓度的一氧化碳，我们的身体就会出现不适。

在现代的大中城市里，污染越来越严重，空气中不仅含有铅、铜、锌、二氧化硫，还有一氧化碳等有毒物质，而人们每天却不得不呼吸着这些有毒的空气。在一些工业区附近，一架喷气客机飞跃大西洋一次，就会往空中释放出200吨的一氧化碳。如此庞大的数字让人不得不惊叹啊！然而，一氧化碳到底是一种什么物质？它会对人类的健康造成怎样的伤害？为什么一氧化碳中毒会非常危险？

首先，我们来了解一下一氧化碳。一氧化碳的化学式为CO，跟二氧化碳的化学式CO_2相比，只少了一个氧原子，尽管如此，它们之间却有着很大的区别。一氧化碳一般是由化石燃料燃

烧不完全时产生，无色、无味，也不溶于水，所以我们无法轻易发现它的存在。它在空气中的含量增多，会影响到人类的肺部和呼吸道健康，而当在密闭的空间里，一氧化碳的浓度达到一定值时，人会出现一氧化碳中毒现象。所谓的一氧化碳中毒是一氧化碳经呼吸道吸入引起的中毒。为什么我们吸入二氧化碳和氧气都不会中毒，而吸入一氧化碳却会中毒呢？这是因为一氧化碳与血红蛋白的亲和力非常强，与氧和血红蛋白的亲和力相比，高出了200～300倍，所以，一氧化碳与血红蛋白极易结合，形成了碳氧血红蛋白，从而导致血红蛋白无法与氧结合和作用，其他组织因缺氧便会造成组织窒息。可以说，一氧化碳对全身的组织细胞都有毒性作用，特别是对大脑皮质的影响尤为严重。

一氧化碳中毒时，轻者主要表现为头痛眩晕、恶心、呕吐、四肢无力，甚至会出现短暂的昏厥，不过，神志还算清醒，需要及时吸入新鲜空气，如果迅速离开中毒环境，症状会很快消失，且不会有后遗症。

为避免一氧化碳中毒，生活中我们应注意哪些细节？

一、不使用淘汰的、很旧的煤气热水器，安装热水器请专业人士安装，不要自己随便进行安装、拆除、改装燃具。

二、冬天洗澡时，门窗不要关太紧，洗澡时间也不要太长。

三、煤气用完后，一定要及时关闭。

四、开车时，切勿让发动机长时间空转，车载行驶时，不要长时间开空调机，多打开车窗，让车内外空气对流。

当中毒时间稍长时，病人就会出现虚脱或昏迷，皮肤与黏膜呈现为樱桃红色，这时如果抢救及时，病人可以迅速清醒，并在几天后完全恢复，同样不会有后遗症。

当中毒时间很长，或者在短时间里吸入了高浓度的一氧化碳时，病人会出现深度昏迷、大小便失禁，甚至很快死亡。昏迷时间越长，后果越严重，即使抢救过来，也会有痴呆、记忆力和理解力减退等后遗症。

一氧化碳对人体的伤害如此严重，试想如果我们每天呼吸的空气中一氧化碳的含量上升了，人类还能正常的生存吗？恐怕我们得每天戴上氧气器才能正常的呼吸了。

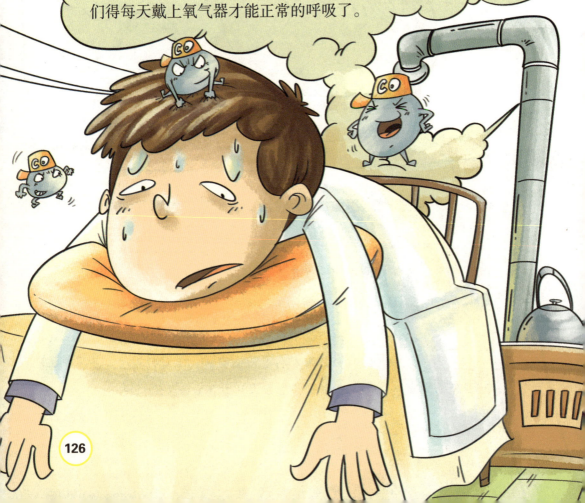

不好，患上肺部疾病了

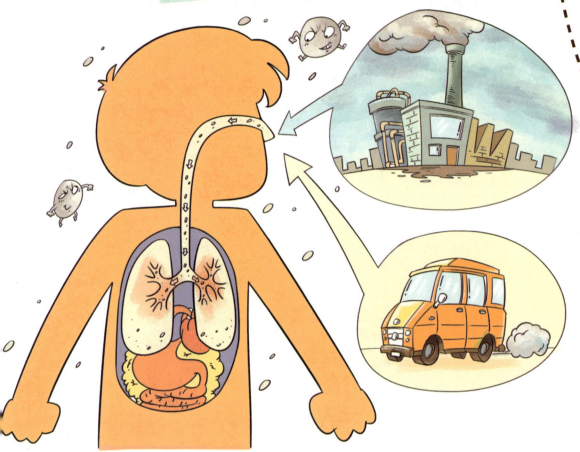

在一些污染极其严重的工业区附近，每天落下的污染物每平方千米超过了0.7吨，每天排出的汽车尾气的量也是一个庞大的数字……空气的污染，让我们跟有毒物质的接触越来越紧密，人体各部分组织器官都会受到有毒气体的侵袭，从而产生不同程度的病变。其中，最容易受到损害的莫过于肺了。这是因为肺是呼吸的必要通道，通过嘴巴和鼻子呼吸进的空气，首先进入的就是肺，再加上肺的内部表皮面积非常大，比全身皮肤的面积还要大40倍，可以想象，当有毒气体进入肺部，将会跟肺部有多么紧密的接触，从而损害肺的正常功能，并出现肺部疾病，提高了癌症的发病率。

人类时时刻刻都需要呼吸，据统计，人的一生中要处理4亿升左右的空气，为血液循环系统提供足够的氧。不过，人在吸入氧气时，也会将空气中的有毒物质吸入体内，对人的呼吸系统造成严重的影响。不仅因为呼吸系统大部分由薄壁组成，对化学物质也很敏感，而空气中的一些污染物如臭氧、金属等，会对肺部组织的细胞进行破坏。肺细胞对于这种有害物质也不是"逆来顺

受",它们会去处理这些有毒物质,从而释放出一些强效化学介质,遗憾的是,这些介质极可能造成肺部炎症,并损伤肺功能。此外,这些有害的物质还会跟着氧气一起进入血液循环,从而进入全身各个器官,以致对心脏、肾脏、肝、大脑等都造成了损伤,严重者引起大脑氧气减少,供氧不足,而造成脑细胞大量死亡危及性命。所以,只要这些有害的物质进入人体内,就是一件让人头疼的事。

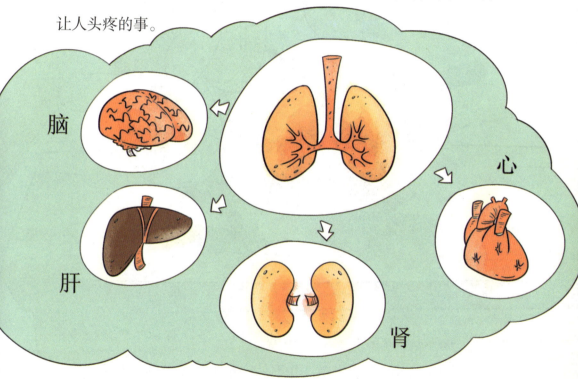

应如何尽可能地避免有害物质进入体内?

一、少去空气污染严重的地方。

二、出门常戴口罩。

三、少做产生有害物质的事情,减少对环境的污染。

化学武器——毒气

空气中除了一些常见的有害气体，还含有一些含量极少的有毒气体。不过，这些毒气并不一定是天然就有的，有很多来自于人们的自行合成。这些有毒气体被应用在战场上，制作成了化学武器。根据化学毒剂的毒害作用的不同，化学武器可分为刺激性毒剂、糜烂性毒剂、全身中毒性毒剂、失能性毒剂、窒息性毒剂、神经性毒剂，共六类。

首先，我们就来看看有"毒气之王"之称的芥子气。芥子气是由德国普雷兹在1822年发现的，并于1886年被德国的梅耶第一次人工成功合成。芥子气的学名是二氯二乙硫醚。芥子气无色，却带有微弱的大蒜气味，难溶于水，却易溶于乙醚、汽油、煤油等物质。芥子气对皮肤具有非常强的渗透性，能溶解橡胶。芥子气主要通过渗透进皮肤，破坏组织细胞，对人体进行伤害，芥子气还会扰乱中枢神经系统的正常功能，导致神经活动出现障碍，从而引起痉挛和麻痹，此外，还可以直接通过吸入呼吸道来伤害人员。

芥子气有时无气味，有气味时也是一种大蒜味，所以无法

轻易引起人的警惕，人们也无法及时发现自己已经接触到了芥子气，因此，等到2～24小时后，人们自身出现了症状后，往往身体已经受到了一定程度的伤害。抗日期间，日军侵华时便有大量使用这种毒气作为化学武器，对抗日军队造成了极大的伤害。不过，人在接触了芥子气后，发现得及时并得到医治的话，死亡率小于5%。

除了芥子气，还有一种沙林毒气，简称沙林。沙林的学名为甲氟膦酸异丙酯，属于致命神经性毒气，二战期间被德国纳粹研发出来，是一种极为危险的毒气。它一般为无色，少数为黄褐色，无形、无味、挥发性高，能侵入呼吸道或皮肤黏膜进入人

体,杀伤力极强,一旦释放出来,能让方圆1.2千米内的人死亡或受伤,要是不小心吸入一粒米粒大小的沙林,在15分钟内就会死亡,令人毛骨悚然。中毒的人一般会出现瞳孔缩小、呼吸困难、支气管痉挛与剧烈抽搐等,严重的甚至几分钟内就死去。所幸,这种毒气虽易得到与储存,但是却极难进行大规模生产,所以,这种毒气才没有被广泛应用在大规模的袭击上。

沙林毒气虽然这么厉害,但是也可以通过采用有机磷农药中毒的救治方式进行治疗,对已经有呼吸困难的患者,应随时注意其出现窒息死亡。

另外，在我们身边还存在一种常见的毒气——氯气。早上，当我们用自来水洗脸的时候，会闻到一股刺鼻的气味，这正是来自氯气。氯气是一种黄绿色、有刺激性气味的气体，也是一种会让人窒息的有毒气体。如果空气中的氯气含量达到一定浓度，便会对人体造成危害。一旦氯气中毒，人会不停地咳嗽，严重的会致人死亡。不过，虽然氯气的毒性较强，但是，它也是一种有用的气体。这样说会让人感觉矛盾吧，不过，让我们一起看看自来水里散发出的氯气的气味就明白了。氯气的化学性质很活泼，而

且具有很强的氧化作用,把氯气通入自来水中,它会溶解于水,并与水发生化学反应,从而生成了一种次氯酸。这种次氯酸是个怕光的"胆小鬼",一遇到光,就会分解生成原子状态的氯,这种氯具有很强的氧化作用,可以把自来水中的细菌杀死。现在,很多自来水厂都是用它来杀菌,所以你从自来水中闻到氯气的刺激性气味,就一点儿也不奇怪了。

当然,除了以上几种毒气,还存在其他的毒气,这些毒气对我们的身体会带来严重的伤害,应尽量减少它们的释放,更不能用它们去伤害他人。

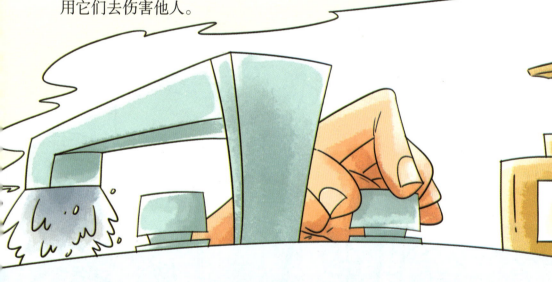

氯会破坏臭氧层吗?

自然界中,有些游离状态的氯存在大气层中,会对臭氧层进行破坏。这是因为氯气受紫外线的照射会分解为两个氯原子,氯原子会跟臭氧反应,生成氧气,从而减少了臭氧的含量。

小测验

一、下面关于一氧化碳和二氧化碳的区别，说法正确的是（ ）

A. 一氧化碳比二氧化碳多一个氧原子

B. 一氧化碳是有毒气体，二氧化碳是会引起温室效应的气体

C. 一氧化碳产生于燃料完全燃烧时，而二氧化碳产生于燃料未完全燃烧时

D. 一氧化碳不会让人患上肺病，二氧化碳会让人患上肺病

正确答案：B

解析：一氧化碳比二氧化碳少一个氧原子，并非多一个；一氧化碳产生于燃料未完全燃烧时，而二氧化碳产生于燃料完全燃烧时；一氧化碳会让人患上肺病，而二氧化碳不会。

二、一氧化碳中毒时，采取的措施正确的是（ ）

A. 赶紧关闭门窗　　B. 继续待在原地

C. 赶紧呼吸新鲜空气　D. 赶紧躺进被窝里

正确答案：C

解析：一氧化碳中毒后，要尽快到空气清新的地方呼吸新鲜空气，缓解一氧化碳中毒后的不适。

三、下面关于有毒的化学武器的说法，正确的是（ ）

A. 沙林比芥子气、氯气的杀伤力更强

B. 一旦接触到芥子气，就只能乖乖地等死了

C. 氯气不能杀菌

D. 沙林可以进行大规模生产

正确答案：A

解析：沙林的杀伤力极强，人吸入一粒米粒大小的沙林，在15分钟内就会死亡；人接触到了芥子气，如能及时医治，可以治疗好；氯气有杀菌作用，经常被用来进行自来水杀菌；沙林无法进行大规模生产。

第十章
保护空气总动员

近年来,因为空气的污染,人类的各种疾病患病率越来越高,动物和植物也深受其害,为了让地球依然保持着良好的供生物生存的环境,我们该如何保护好空气呢?

少释放二氧化硫

二氧化硫是空气的主要污染物质之一，它也是一种气体。也正是因为这样，我们无法像阻止那些走私毒品或不良药品那样，由警察和缉毒组来进行直接抓捕和阻止，二氧化硫能渗透进每个缝隙，无法用网拦住，也无法用高墙抵挡，所以，针对这种气体污染物，我们首先要做的就是减少它的释放。

要减少它的释放，我们得先了解它的来源。二氧化硫主要来源于化石燃料。化石燃料中包含了碳、氢、硫元素，当化石燃

料燃烧时，就会跟空气中的氧气反应，产生二氧化碳之外，还产生了硫磺与氧气的结合体——硫氧化物，其中二氧化硫便是最为典型的硫氧化物。这种物质不仅会产生伦敦型烟雾，还会产生酸雨。在前面的章节我们已经了解了伦敦型烟雾的危害，而酸雨的危害也是极其巨大的，它不仅会影响生物体的生长，还会酸化土壤，腐蚀金属、建筑物等。

　　二氧化硫的危害这么大，减少它的排放势在必行，当然要是能完全不排放二氧化硫就更好了。但是，就目前要完全不排放二氧化硫显然是做不到的，因此，我们应尽最大可能地减少它的释

放。第一，使用含硫量低的燃料；第二，设置去除二氧化硫的装置。可是，什么是含硫量低的燃料呢？去除二氧化硫的装置又是怎样的装置呢？

所谓含硫量低的燃料，其实就是硫磺含量相对偏低的燃料，这种燃料使用量跟其他燃料相等时，它所排出的二氧化硫更少。而二氧化硫的去除装置，其实就是一种通过混凝土的原料之一——碳酸钙吸收废弃的二氧化硫，把二氧化硫转化为石膏的装置。

这种二氧化硫的去除装置还真是好用，不仅能减少二氧化硫的排放，还可以将生成的石膏用作工业材料，可以称得上是一举两得啊！所以，目前大部分工厂都采用第二种方法来去除二氧化硫，以达到减少空气污染的目的。

消灭汽车尾气

　　汽车尾气也是污染空气的主要污染物质之一，尤其是在现代，汽车的数量日益增多，尾气的排量是相当庞大的。在前面几章，我们知道尾气是洛杉矶烟雾的罪魁祸首，而且它还可以形成酸雨，所以，它对环境和生物的危害与硫氧化物是等同的，因此，控制汽车尾气排放量就成为保护空气的一个重要方法。

汽车尾气并不是一种单一物质,它含有多种有害的成分,包括氮氧化物、一氧化碳、煤烟、碳氢化合物等。要减少这些物质的排放,人们想出了一个比较靠谱的方法——在汽车的排气管中设置催化转化器。然而,催化转化器到底是什么东西呢?

催化转化器其实是一种安装在发动机排气管中,当发动机中排放出来的有害物质通过转化器时会发生氧化还原反应,从而转化为无害无污染的水、二氧化碳与氮气,为了加速化学反应,转化器中加入了催化剂,也叫触媒。触媒就是自身不会发生变化,却能帮助其他物质发生化学反应的物质。不同的反应需要的催化

剂不尽相同，在这个尾气的化学反应中所用的触媒主要含有铂、钯、铑等物质。为了让尾气跟触媒接触的面积变得更大，尽可能多的将尾气中的有害物质转为无害物质，触媒被设计成了蜂窝的形状。

不过，如果你仔细观察过汽车的排气管，能轻易地发现排气口中常有液体掉落下来，别担心，这液体并不是泄露出来的汽油，而是水。这些水便是尾气经催化转化器转化而来的水。

有了催化转化器，尾气中的有害气体能得到有效的控制，但是需要注意的是，催化转化器好好运转是需要条件的，得使用无

铅汽油。那什么是无铅汽油呢？所谓无铅汽油，就是不含有杂物铅的汽油。如果你使用含有铅的汽油的话，那些铅就会吸附于触媒上，从而影响触媒的性能，所以，想要催化转化器最大的发挥它的作用，就最好使用无铅汽油。

虽然催化转化器能较好地控制汽车最后排出的气体中有害气体的含量，但是，如果平时出行能减少乘坐自家汽车而多选择乘坐公共交通工具，则能更好地减少尾气的释放，空气的污染也将变得更小。

催化转化器的表面积碳会影响转化效能

当汽车长期在低温状态下工作时，催化器无法启动，导致发动机排出的炭烟附着于催化剂的表面，使得无法与一氧化碳和碳氢化合物接触，如果一直这样，载体的孔隙会被堵塞，从而影响了转化效能。

开发清洁能源

虽然人们采用了各种方法来减少有害气体的排放，但想要从根本上解决问题，那最好的办法就是使用一些新的、无污染的能源。现在工厂里常用的化石燃料以及汽车使用的汽油都是不可再生能源，也不是取之不尽用之不竭的。所以无论是从解决空气污染方面考虑，还是从保证人们一直有能源使用考虑，都应该开发新能源。那是否存在什么能源取之不尽用之不竭，而且还不会对空气造成任何污染呢？为了寻找这种能源，科学家费尽了心思。

可喜的是一些新的能源不断被人们发现和利用，比如太阳能、潮汐能、地热能等。

我们首先来看看太阳能。平时我们站在太阳下晒太阳，能感觉到全身暖融融的，太阳光具有能量，利用太阳光的能量可以用来发电，也可以用来烧水，如太阳能灶、太阳能热水器等。其次，潮汐能又是什么样的呢？潮汐能就是潮汐现象发生时导致海平面周期性地升降，而海水的涨落和潮水的流动会产生能量，这种能量就叫潮汐能。人们可以用潮汐能来发电。此外，还有地热能，地热能是地球内部的能量，我们可以从中获取能量，用作他用。

除了上述几种清洁无污染的能源外，空气也可以生产能量。说到这里，可能有人会觉得很吃惊，空气怎么可能产生能量呢？但是，说到风想必大家都不陌生。在前面的章节中我们知道，风是空气的水平移动形成的。空气就是通过形成风，而产生风能的。在很久以前，风就成为了一种能源并被加以利用，我们称之为风力。到现在，人们已经能利用风能发电。然而，并不是所有的地区都可以利用风能，一般来说，只有在风大的地区才可以使用它，而想用它发电，至少需要每秒5米的持续风速。

目前，一种新的能源——水合物，备受科学家们的关注。什么是水合物呢？简单地说，水合物就是指含有水的化合物。水合物有多种，其中有一种是以气体形式存在的，我们称之为气体水合物，比如甲烷水合物。可是这种水合物是怎么形成的呢？一般来说，我们把温度降低至0℃以下，然后把压力提高到几十个大气压的话，水会被冻结，气体便被关进了水组成的外围中。要是其中的气体为甲烷，就称之为甲烷水合物。气体水合物的能量比较巨大，举个例子，你将1升气体水合物中的高压气体释放出来，体积会变为200升，是不是很强悍？最重要的是，水合物在地球上的存储量极为丰富。据说，它的储藏量超过了10兆吨，约为天然气储藏量的10倍。就按现在的速率消耗能量，水合物能满足全球人民使用200～500年，不可思议吧！

而且这种能源也是清洁能源，就拿甲烷水合物来说吧，它燃烧时释放出来的二氧化碳低于石油或煤炭的一半。然而，要是甲烷水合物中的甲烷未燃烧完全就释放到空气中的话，造成的温室效应可是二氧化碳的10倍。而且，甲烷水合物中甲烷的含量为大气中甲烷含量的300倍，要是这么多的甲烷都释放至空气中，地球的气候将陷入极为严重混乱的状态。因此，在挖掘甲烷水合物之前，必须要防止甲烷扩散至空气中。这也是科学家正在努力解决的问题。

甲烷的燃烧

甲烷完全燃烧后的产物为二氧化碳和水，甲烷燃烧时发出淡蓝色的火焰。

$CH_4 + 2O_2 \rightarrow CO_2 + 2H_2O$

如果将玻璃导管口的甲烷点燃，然后将它放入注满氯气的瓶中，甲烷会继续燃烧，并发出红黄色的火焰，此外，还可以看到黑烟和白雾。黑烟其实是炭黑，白雾其实是氯化氢气体跟水蒸气相遇形成的盐酸雾滴。

在隔绝空气（放入氯气的瓶中，就是创造隔绝空气的条件）并加热至1000℃的条件下，甲烷分解生成炭黑和氢气

$CH_4 \xrightarrow{1000℃} C + 2H_2$

$$CH_4 + 2O_2 \xrightarrow{\text{点燃}} CO_2 + 2H_2O$$

小测验

一、关于几种清洁能源的说法正确的是（   ）

A. 用地球内部的热量获得电能，称作地热发电，这个过程中，不会产生有害的物质

B. 风能也是一种能源，风存在于任何地方，所以使用起来极为方便

C. 可以利用燃烧海底的氢来获取能源，也可以用潮汐进行发电

D. 甲烷水合物不属于清洁能源

正确答案：AC

解析：风能虽然存在于任何地方，但是，不是所有的风都能使用，只有风足够大才行；甲烷水合物也属于清洁能源，它燃烧时释放出来的二氧化碳低于石油或煤炭的一半。

二、下面关于减少汽车尾气的做法，正确的是（   ）

A. 出行多开私家车　B. 车子上不安催化转化器

C. 使用含铅汽油　　D. 安装催化转化器

正确答案：D

解析： 出行多开私家车，会增加尾气的排放；车子上安装催化转化器可以将尾气中的有害物质转变为无害的物质；使用有铅汽油，会使催化转化器上的催化剂被铅覆盖，尾气无法进行催化转化反应。

三、下面关于减少二氧化硫的排放的做法，正确的是（　　）

A. 多烧化石燃料

B. 在工厂设置二氧化硫的去除装置

C. 不使用新的能源代替化石燃料

D. 使用含硫量高的燃料

正确答案：B

解析： 化石燃料燃烧，会产生二氧化硫，而含硫高的燃料，燃烧后产生的二氧化硫则更多。